一流本科专业建设

设计
人类学

何庆华 巴胜超 汪 斌 | 著
彭兆荣 | 顾问

西南大学出版社
国家一级出版社 全国百佳图书出版单位

图书在版编目(CIP)数据

设计人类学 / 何庆华, 巴胜超, 汪斌著. -- 重庆：西南大学出版社, 2025.2. -- ISBN 978-7-5697-2876-7

Ⅰ. TB21

中国国家版本馆CIP数据核字第2025Y2C091号

一流本科专业建设教材·环境设计

设计人类学
SHEJI RENLEIXUE

何庆华　巴胜超　汪　斌　著
彭兆荣　顾问

总 策 划：龚明星　王玉菊
执行策划：鲁妍妍
责任编辑：邓　慧
责任校对：徐庆兰
封面设计：闻江文化
排　　版：陈智慧
出版发行：西南大学出版社（原西南师范大学出版社）
地　　址：重庆市北碚区天生路2号
网上书店：https://xnsfdxcbs.tmall.com
印　　刷：重庆升光电力印务有限公司
成品尺寸：210 mm×285 mm
印　　张：8.5
字　　数：203千字
版　　次：2025年2月 第1版
印　　次：2025年2月 第1次印刷
书　　号：ISBN 978-7-5697-2876-7
定　　价：59.00元

本书如有印装质量问题，请与我社市场营销部联系更换。
市场营销部电话：(023) 68868624　68253705

西南大学出版社美术分社欢迎赐稿。
美术分社电话：(023) 68254657

编委会

巴胜超(教授)	昆明理工大学艺术与传媒学院
崔颖(教授)	昆明理工大学艺术与传媒学院院长
何庆华(博士)	昆明理工大学艺术与传媒学院讲师
毛茜(副教授)	昆明理工大学艺术与传媒学院科研秘书
彭李千慧(博士)	昆明理工大学艺术与传媒学院讲师
钱肖桦(博士)	昆明理工大学艺术与传媒学院讲师
孙刚(副研究员)	昆明理工大学艺术与传媒学院党委书记
孙鸿雁(教授)	昆明理工大学艺术与传媒学院副院长
汪斌(副研究员)	昆明理工大学教育发展集团有限公司总经理
杨旭(博士)	昆明理工大学艺术与传媒学院讲师
张熹(副教授)	昆明理工大学艺术与传媒学院环境设计系主任
张祎颖(副研究员)	昆明理工大学艺术与传媒学院党委副书记
钟晖(副教授)	昆明理工大学艺术与传媒学院副院长
朱云鹏(教授)	昆明理工大学艺术与传媒学院党支部书记

一

序言

设计学与人类学的相遇

20世纪初,"设计"作为一个外来词来到中国。当时,中国的社会形态以农业社会为主,通过洋务运动积累起来的民族工业,还不足以成为"设计"展示自我的坚实平台。而中国现代设计的发生又是仓促和特殊的,它不是产业社会常规发展成熟的产物。因此,在引进与传承、时尚与传统、学习与创造等复杂的关系和现实中,隐藏着深刻的矛盾和问题。中国传统中的"设计"从来就不与"design"全然对应。而中国人知晓的设计历史,何止五千多年?!如今,大数据正日益成为整合全球文化和发展现代化的核心驱动力,中华民族文化传统因经济和消费所带来的人文精神一体化,势必迎来"中国本土精神"的失落。设计学是一门理、工、文相结合的,科技与艺术相融合的新型交叉学科。就中国设计现状来看,主要体现为技术维度的生产劳动和物质成果,突出商业利益和经济价值,而缺少文化维度的设计意义与精神智慧。中国的"设计"隐藏着深刻的矛盾和问题,归根结底是文化的缺失。

"人类学"这个名称来自希腊文 $\alpha\eta\theta\rho o\pi o$ 与 $\lambda o\gamma\iota\alpha$,它们分别指"人"和"科学",顾名思义,人类学是研究人的学问。英国人类学家马林诺夫斯基说:"人类学是研究人类及其在各种发展程度中的文化的科学。"设计是人类创造活动的基本范畴,其领域涉及人类一切有目的的活动,反映着人的自觉意志和经验技能,与思维、决策、创造等过程有不可分割的关系。关于设计的概念有很多,大多围绕着"人类造物活动的构思和创造过程"而论。简单地说,人类所有的设计活动都与人类学有关,它们的研究对象都是人,而人类学对文化的研究,为中国传统设计价值的挖掘提供了方法。

设计人类学亦是兴起于西方,它是设计学与人类学学科交汇处诞生的新兴热点领域,起源于20世纪70年代人机交互设计对人类学的需求,并在2010年欧洲第十一届社会人类学家协会双年会上,作为专门的术语被正式提出。设计界两本顶级国际学术刊物——《设计史期刊》及《设计研究》先后于2016年和2022年推出"设计人类学"特辑,从社会科学研究和新兴技术实践角度,分别展示了设计人类学拓展传统设计与当代人类学研究的理论和实践边界[1]。

近年来,在来自北欧及英美的人类学家与跨学科设计研究者的引领和探索下,设计学和人类学开始相互渗透融合。设计人类学基于丰富的理论,带着批判性的视角,参与到对未来

---

[1] 张朵朵,李浩.迈向超学科融合:设计人类学的知识谱系研究[J].艺术设计研究,2022(6):56-63,70.

人类日常生活的各种可能的研究探索中。

设计人类学在中国也并非新名词。中国的设计人类学不仅是中国设计独特的传统认知、知识、价值、表现等的体现，也是近代以降西方设计体系的"中式变体"。如何在继承本土的设计传统反思之下，"文化自觉"地汲取西方设计滋养，结合当代国情、设计形态的多样性和跨学科属性，让设计人类学与新兴科技等方面紧密相关，建立中国本土的设计人类学跨学科体系，显得尤为重要与紧迫。

本书希望透过设计人类学，向社会各界传达如下两方面认知。

第一，对外，为世界提供设计人类学体系的"中国范式"。

首先，作为一个延续至今、从未断裂的古老文明，中华文明的设计体系将集中国智慧、知识、经验、技术于一体。中国设计人类学体系将提供具有独特的中华文明设计生成和发展的"文化基因"。其次，中国设计人类学体系与西方设计形制和知识谱系相配合、融汇，生成一整套全新且符合我国国情的知识、表述和学科的话语体系。最后，中国设计人类学将在方法论方面探索具有逻辑依据的、综合性的、前瞻性的规律和落地方法。

第二，对内，接续传统，整合现实，开创未来。

首先，在理论层面，承前启后，标志着中国设计人类学研究从转借、译介、移植、反思转向实质性的理论建设。其次，在学科层面，力图基于本土化中国传统设计模型，提供全新的设计人类学学科建设思路和框架。最后，在实践层面，在中国设计人类学学科体系的构建下，将中华民族的传统设计理念植入非遗文化创意产业、乡村建设、公共医疗、艺术学科、设计教育改革等领域，通过实践参与批判性反思，共同构建我国更开放和更可持续的未来。

本书基于对现有设计人类学发展历程、重要文献的梳理，系统研究其发展脉络与实施方法。要建构中国设计人类学跨学科体系，既要剖析西方设计人类学的知识谱系，又要兼顾中国传统设计模型，因为自古以来中国形成了本土的传统设计形制、观念价值、工具功能，两个系统共同构建，才能真正组成中国设计人类学体系。

目录

001 第一章 何谓设计人类学

- 002 第一节 设计的本意是什么
- 002 第二节 设计人类学的定义
- 004 第三节 设计人类学的方法
- 005 第四节 人类学与社会学在田野工作上的特点
- 007 第五节 设计人类学产生的时间和时代背景
- 008 第六节 设计人类学与文化人类学的差异
- 009 第七节 设计人类学的工作特点

011 第二章 "天"造"地"设

- 012 第一节 中国古代设计观:"天地人"合一
- 017 第二节 中国古代的造物思想

025 第三章 以"人"为本

- 026 第一节 西式的设计关怀
- 031 第二节 中式的设计精神

033 第四章 比"权"量"力"

- 034 第一节 僭越:"以生态为红线"引发的四个问题的思考
- 040 第二节 自然与人为的较量
- 044 第三节 设计的公平性

055 第五章 "仪式"日常

- 056 第一节 仪式的表述:界定与概说
- 058 第二节 仪式的进程:阈限与通过
- 060 第三节 仪式的象征:功能与结构
- 061 第四节 仪式的实践
- 067 第五节 仪式与设计

073　第六章　"空间"规则

- 074　　第一节　空间的虚实性
- 080　　第二节　空间的政治性
- 090　　第三节　空间的不平等性

095　第七章　造"物"法则

- 096　　第一节　造物"道德化"——以家具为例
- 106　　第二节　乡土社会之家庭景观

115　第八章　坚守"认同"

- 116　　第一节　中国饮食文化体系与餐饮空间情感认同
- 123　　第二节　非遗中的文化认同和文化自觉

126　后记

CHAPTER 1

第一章

何谓设计人类学

第一节　设计的本意是什么

设计的本意是什么？大家都知道设计（design）其实是一个外来语，是一个舶来词。"design"的"de"其实是指固定的形式，"sign"是指符号。设计如果按照外来语的本意，就是指将某一种特殊的符号固定下来的意义和形式。所以设计学学科里的设计概念、知识体制包括形制都是从西方而来的。我们不禁要问：中国古代有没有设计？大家会说：肯定有。可那是什么呢？在中文里，我们很难找到中国古代有"设计"这样一个概念。中国古代有设计，却没有"设计"这个概念。所以，我们在讲设计的本意时要明白，我们是中国的学生、中国的老师，我们在接受中国的教育以及在教授中国的设计学，而设计学这门学科的知识体制却是从西方来的。我们首要的任务是把外来的设计跟中国传统的知识背景、对象、认知结合起来，这才是我们在中国大学里要做的事。毕竟我们是中国人，我们要把西方的设计服务与中国这块土地进行结合。所以设计人类学本身就包含着一个首要任务，即把西方文明、西方文化的设计理念、知识、价值、实践的模式，跟中国的价值、理念、模式和实践结合起来。

比如说建筑，建筑当然是一种设计，可是中国古代并不用"设计"这个词，而是用"营造"。梁思成先生总结了中国古代一直以来的营造学，它其实也是将西方的建筑学与中国古代的建筑理念相结合而形成的。

在今天我们讲设计的本意时，首先要强调中西方文明在设计理念中的交融、碰撞、结合，特别是设计人类学，我们希望通过人类学的理念、知识和方式，尤其是以田野调查的方式去获得中华民族自身设计的意义、设计的理念、设计的原型、设计的传统，再与西方的设计学理论相结合，创造出具有中国特色的设计学体系。这或许是我们首先要解决的问题和疑难。

第二节　设计人类学的定义

第一节讲的是设计的本意，本意就是本来有的意思，这是相对共识的，但是定义却可以不一样。笔者是学文化人类学的，文化按理说是这个学科最核心的概念，但是在300多年的实践过程中，文化人类学从未有一个共识性的定义。目前，关于文化人类学的文化定义有数百个之多。这就提醒我们，设计人类学的定义可以是因人而异、因时代而异、因语境而异、因文化和文明而异的。所以，定义只是一个大概的方向，它是把人的构思用自己的形式结构供人诉诸实践，同时又有人的主观意识、符号形式、特殊的认知表达，最后形成一种实践活动。因此，不同的文明、不同的历史时代、不同的文化、不同的族群，甚至不同的人对设计人类学的定义都会有些许差异。

中国有56个民族，56个民族都有自己的设计形式和符号。比如云南的傣族，因受南传上座部佛教的影响，傣族建筑被诉诸佛教的意义和符号，形成了独特的建筑形式。（图1-1）

从这个意义上来说，设计人类学用人类学的视野给了我们一个更大的创作和认识空间。世界上或许没有一个公认的定义，即共识性的定义，但这恰恰让我们有机会去创造出"百花齐放、百家争鸣"的设计理念，并把这种理念通过实践变成设计文化多样性的表达。笔者认为这是设计人类学一个非常重要的内涵。设计是把某种符号规定下来、固化下来、定义下来，那么对于某种符号的确定就成了不同的设计理念在理解上的巨大差异。

景观设计是设计学一个非常重要的部分，然而中西方对于"景观"的理解是完全不一样的。"景观"（landscape）这个词也是从西方翻译而来，"landscape"由"land"和"scape"两个词组成，"land"是土地的意思，"scape"是视野的意思。事实上，翻译成"地景"更符合英文单词本意。而且，"景观"本身是地理学名词，最早由德国地理学家洪堡提出的景观生态学发展而来。经过自然地理学和人文地理学的演变，今天景观的概念发生了很大变化。所以，地理学家坚持用地景而不用景观是有其依据的。我们把西方的"景观"概念放到中国来，会发现很多问题。在我国古代，"景"这个字非常强调天时、地

图1-1　曼朗佛寺　何庆华摄

利、人和。"景"字上面是太阳，太阳作为一个符号，它是天时的核心价值；下面是"京"，"京"是高的意思，所以"景"是从低处往高处走。我国古代的时间观也是根据"景"来确定的，"景"也叫"影"，这就是我们通常说的立竿见影。"立竿见影"这个词涉及中国早期对"景"的一种特殊的理解，它是中华民族的时间制度。为什么叫"立竿见影"？这是中国早期一种测时的方式，简单地说就是立一根竿。当太阳从东方升起，慢慢地移动，竿会随之投下一个影子，随着影子的移动，就在竿上标记刻度，如此，时间的刻度就出来了。中华民族的时间由太阳掌管，所以叫天时。在汉语里，所有跟时间有关的概念都有"日"字，比如"时间"的"时"，"时间"的"间"，"早晨"的"早"，"早晨"的"晨"，"晚上"的"晚"，"旦晨"的"旦"，"拂晓"的"晓"。中国的"景"与太阳有关，太阳与时间有关，时间与时节有关，时节与二十四节气有关，二十四节气与自然和农耕文明相互关联。天是时，地是辰，时辰就是天时与地辰的结合，如此形成"景"与天地、农耕文明相结合的伟大智慧。中国古代将"景"作为时间的标志，认为它不仅是一种景观，而且是一种中国人对时间和生命的理解。所以，中华民族早期的"景"包含着对宇宙认识的伟大智慧。设计学中的景观设计，必须与传统的中华民族对"景"的认知结合起来。

仔细分析西方设计学中的"景观"，我们发现它与中国的"景"是不一样的，定义不一样、内容不一样、形式不一样、赋予的意义也不一样。我们在做设计时，不能简单地学习西方的设计学体系，而应该用设计人类学的理念将之运用到中国智慧中，如此才能够找到属于中国的设计形式，探索出既符合国际化又有中国特色的设计学理念。

第三节　设计人类学的方法

提到设计人类学，我们当然希望可以借助人类学的方法对设计进行研究。那么人类学的主要方法是什么呢？人类学最具标志性的方法，就是在田野作业中用参与观察的方法进行民族志的表述。田野作业，不是待在家里读书，而是一定要到现场去，而且人类学通常讲究"越远越好"，这不仅在于空间上的距离越远越好，也在于文化上的距离越远越好。人类学偏好研究与自身差异很大的文化，我们称之为异文化。

这有什么好处呢？研究者到一个完全陌生的地方，到一个陌生的民族和族群生活，而且生活的时间不短，然后在田野作业中参与观察。participation and observation，participation 就是指研究者要到研究对象中去，努力让自己成为研究对象的一部分。比如笔者是汉族人，去做瑶族的调查。瑶族人在空间、文化、认知上，皆与笔者不同，但在几十年对瑶族的研究过程中，我们能几个月都生活在一起，就是participation，即参与到他们中去，成为他们中的一员。只有做到这一点，才可以尽可能地理解他们为什么会有他们的文化。但同时笔者又是一个外来者，是一个观察者，就是observation，笔者参与瑶族人的生活再深，也不是瑶族人，最终要做一个观察者，了解他们，把他们的生活记录下来。这就是人类学的研究方法，用田野作业和参与观察的方式，记录下研究者在研究区域的生活、工作和文化的整个过程，我们称之为民族志的方式。

设计人类学的方法事实上就是民族志的方法，那么民族志的方法对设计学有什么作用呢？再以笔者做贵州瑶麓的瑶族调查为例，调查中发现汉族建筑与瑶族建筑完全不一样，汉族建筑以坐北朝南为最佳方位，这是汉族文化赋予建筑学的理念，而瑶族建筑喜背西朝东。为什么会有这么大的差别呢？这仅仅是设计学的问题吗？不，它事实上是两者背后完全不同的文化理念。

后来经过深入了解，笔者才知道这是瑶族的一个分支，他们之所以要把房屋修建为背西朝东，是因为他们认为他们的祖先是从东方而来。瑶族是一个迁徙民族，在迁徙过程中，他们没有永久的居住地，但他们会铭记自己的故乡、故土、祖宅在哪里，他们走到世界的任何一个地方，对故乡和故土都有一种怀念，他们会将之转化为外在的建筑设计形式。更有意思的是，他们的丧葬方式是洞葬，不是埋在地下，而是葬于山洞，洞口必须朝东，山洞前一定要有一条小溪流。瑶族人认为，他们死后，灵魂会分为两个部分，一部分留在当地与父老乡亲们在一起，另一部分会随着那条小溪流，由巫师带回故乡。

所以，汉族建筑与瑶族建筑的方向性的差别、符号性的差别，体现的是不同的民族、不同的文化赋予了生命不同的价值理念。这是我们非常珍视的，而且我们也经常会通过人类学民族志的调查，去感受不同民族、不同族群各自在理念上赋予设计的生命的感动和生命的链接，它是跟自己的故乡、故土联系在一起的。希望设计者们学习一些人类学的知识，尽可能用人类学的方法去了解不同的文化，以及不同文化所赋予设计的理念。当你了解到不同的文化在设计中所付诸的理念，就会有更加开阔的眼界，从而赋予同情的心理。如果以这种心态去做设计，笔者相信会做出独特的、有创意的设计。

第四节　人类学与社会学在田野工作上的特点

上一节讲的是人类学的民族志一定要离开自己熟悉的地方，在空间上相对较远，在族群上、文化上差异比较大的地方，才会有非常吃惊的感觉：哇，它原来跟"我"不一样！如此，你会不自觉地把自身文化跟它进行对比，从中发现在同情的基础上有更高层次的认识。

笔者先辨析一下人类学与社会学的差别。人类学与社会学是双胞胎，但它们在分工上有差别，主要体现在以下四个方面。

第一个差别，在时间上，人类学偏向于研究过去，社会学偏向于研究当代。

第二个差别，在空间上，人类学偏向于研究偏远地区、海岛、部落、深山、族群，而社会学偏向于研究都市。

第三个差别，我们称人类学的研究为质性研究，社会学的研究为量化研究。质是指性质，量是指数量。人类学偏向于研究性质，社会学偏向于研究数量。传统的人类学是不做量化研究的，我们看经典的人类学著作，如马林诺夫斯基的著作、博厄斯的著作，几乎不用"数量"等词藻。

第四个差别，人类学研究以长期到野外与研究对象共同生活为标准，研究者在外生活的时间会很长。社会学研究通常在都市里，以一个话题或一个目标为研究主题，通过量化的手段来进行。

所以在传统的意义上，人类学与社会学有很大的差别，但是它们又是互补的。人类学与社会学结合起来才是完整的，量化研究的目的，最终是要对研究对象做一个性质上的判断。今天，社会学和人类学已慢慢地走到了一起，比如用传统的人类学做村落研究。传统的村落是相对静止的社会，我们常说"父母在，不远游"，数代同堂、男耕女织、男管饱、女管温，是一个小农经济相对稳定、静止的村落社会。研究者进入该地生活，进行长期的观察，就会对中国传统的村落作出判断。

中国传统儒教伦理以"孝"为核心，百善孝为先，"孝"字上面是"老"，下面就是"子"，这两个字结合在一起就是"孝"。费孝通先生说中国的家庭是反哺式的家庭。什么叫反哺？就是父母把孩子养育大，等孩子大了，父母老了，孩子要赡养父母，所以，在中国传统的村落里少有出现养老问题。但今天却不同了，如今的传统村落里没有年轻人，年轻人跑到城里打工去了，只有老年人留在村落里，"孝"字上面的"老"和底下的"子"分裂了，老人变得没人"养"了。养老问题还与独生子女的政策有关，集中到了城市社会学研究，因此，养老问题成为社会学的一个主要话题。随着城镇化进程的加速，人类学对传统村落的研究仅以质性研究作为研究方法是不够的，也需要量化研究。比如我们要了解年轻人进城的数量有多大，在城市能够赚多少钱，够不够盖房子，如何为老人养老，这确实需要数量进行支撑。人类学家与社会学家共同追踪研究者在乡村和城市的生存状态，这也使得两个学科逐渐靠拢。

在西方，许多大学开设了社会人类学专业，Social Anthropology 或者是 Social Cultural Anthropology。在中国，厦门大学把两个专业结合起来，成立了社会与人类学院。这其实并不是名称的改变，而是这两个学科所用的方法原来是相对泾渭分明的，现在相互走到了一起。在当代，社会学与人类学在方式上能为设计学解决什么问题？在田野中，设计学、人类学、社会学与数据的关系是什么？设计人类学研究者需要重视这些问题。

第五节　设计人类学产生的时间和时代背景

　　设计人类学在人类学的范畴里属于应用人类学。传统的人类学是不主张应用的，它在很长的时间里，是鼓励人类学家到不同文化背景的田野点去进行参与观察，只是当一个参与者和观察者，没有责任和义务，甚至不主张用人类学的方式去改变和改造对象，只是去参与和观察，将观察对象记录下来。可是后来的人类学在研究过程中发现，有些人类学的研究对象，明显有违背人类共识性的东西。比如说在古代的部落会出现猎人头这样一种习俗，猎人头的习俗在中国的佤族也有。即使我们今天到佤族社区，一进村仍然可以看到在高处挂着一些笼子，笼子里装的是人头，但已经不是真的人头了，而是变成了一个符号。当然，猎人头的习俗有佤族人的解释理由和文化道理，他们认为部落就是一个人，是一个生命体，既然是生命体，就要有不同的营养注入，那么最营养的是什么呢？是血。血作为一种营养赋予部落生命。传统的人类学在做调查时，只是客观地记录下来，而不会改变它。可是随着时代的推移，我们会发现把人头挂在部落里，用人的血和头去"滋养"他们的部落，从人权、人道的角度来看都是行不通的。

　　还有医药的问题，有些部落的人生病了，我们会用现代医疗手段救治他们。按照传统的人类学方法，我们只记录，没有必要改变现状。但是，随着人类学的影响力和调查范围逐渐扩大，人类学家慢慢发现有些现象与人类历史的发展互相抵触。所以在20世纪中期，特别是六七十年代，人类学在传统发展的基础上出现了应用人类学（Applied Anthropology）。应用人类学的出现，标志着现代人类学与传统人类学的一个重大区别：研究者可以在研究过程中应用新方式，如改变某种不人道的习俗，或是利用新技术帮助土著或是少数民族。现代人类学逐渐取缔了传统人类学只观察、只参与、只记录的调查方法。

　　20世纪中期以后，在人类学的基础上出现了无数的应用人类学分支，如经济人类学、都市人类学、企业人类学、文学人类学、设计人类学等。这是人类用自身的观念、价值、手段、科技成果主动介入研究对象社会生活的产物。设计人类学给了我们一个全新的理念——在了解不同文化和文明、民族和族群的基础上，借助先进理念、先进方式注入对象中去。设计人类学作为人类学的一个分支学科，其一，它是应用人类学出现后产生的一种新的设计与人类学相结合的分支学科，这是一个背景。其二，它运用先进的方式介入对象中去，它有一个前提，就是要充分尊重对象主体。比如我们提出的美丽乡村的设计理念，我们不能将所有的乡村涂一样的颜色、盖一样的房子，因为村落与村落、族群与族群是不同的，否则就违背了设计人类学理念。笔者认为设计人类学必须遵循这样的原则：尊重对象的主体性，尊重对象的传统价值，尊重对象的文明基因。不要越俎代庖，不要权力化、话语化的替代。

第六节 设计人类学与文化人类学的差异

前面我们讲到设计人类学是应用人类学的产物，所以它与文化人类学存在着流和源的关系。从某种意义上来说，文化人类学源自人类学，都是应用人类学之后的分支。那么设计人类学与文化人类学的差异主要在哪里呢？笔者认为主要有四个差异。

第一个差异：文化人类学侧重于向后看，设计人类学侧重于向前看。

文化人类学是做质性研究的，对社会的性质进行判断。文化人类学会把它的视野推得很远，它只有做历时性观察，才有机会对社会、文化、族群的性质进行判断。而且它强调很深的参与程度，只有做到这一点，研究者才可能对它的性质进行判断。如果研究者对一个短时间的事件或者偶然事件进行判断，其结论不是性质，而只是偶然现象。设计人类学希望通过设计理念介入传统对象，它的侧重点是通过新的设计方式、设计理念、设计模式和设计技术，赋予传统社区、传统部落或者传统村落新的理念、价值、技术和模型。所以，它侧重的是往前看。比如瑶族是狩猎民族，如今他们已经定居了，慢慢进入农耕社会，打猎的工具诸如枪、火药的功能已经变得越来越弱，这些狩猎工具逐渐变成了符号。从这个意义上来说，文化人类学与设计人类学一个向后看、一个向前看，这是它们的第一个差异。

第二个差异：文化人类学的参与程度重，设计人类学的观察程度重。

人类学的民族志方式是参与观察，要真正地了解对方，研究者的参与程度是很重要的。在时间上，对文化人类学的博士研究生的要求是到异文化中，做参与观察不少于完整的一年。为什么是一年？因为研究者必须亲历一年四季中的所有活动。设计人类学没有要求对对象的性质进行判断，而只是对某一些对象进行设计和改造，它不需要全面性的、长时段的参与，而只是去做侧重某一个方面的观察。前提是都要到现场，只有都到现场才能够参与到，才能够观察到。

第三个差异：文化人类学是重学科协作，而设计人类学是重社会单元。

文化人类学是跨自然科学和人文社会科学的学科，是多学科的协作。早期的人类学有两大分支，一个是体质人类学，一个是文化人类学。之后细化成四个分支，文化人类学、语言人类学、体质人类学、考古人类学。人类学并不是用所谓的自然科学、人文科学、社会科学来划分的。体质人类学涉及物种与基因的关系，属于自然科学。考古人类学需要借助大量自然科学的手段进行研究。文化人类学也是需要进行学科协作的，它重视各种学科之间的相互配合。比如我们在做村落研究时，村落虽然不是很大，但它所包含的东西很多，有生态的、有环境的、有地理的、有物种的等等，这并不是一个学科可以解决的。

设计人类学与文化人类学有所不同，因为设计人类学具有目标性。比如艺术乡建，要求设计师根据自然景观和文化生态重新进行设计。设计人类学只重视这个社会单元，也就是当地人的建筑形式、生活方式、文化观念与大自然之间的协作是什么，至于其他的方面，比如家庭模式、男女分工等，不会太在意。从这个意义上说，设计的目标性、对象性决定了设计人类学会相对重视某一个社会单元，或是某一个社会对象，或是某一个社会元素。

第四个差异：文化人类学侧重于主观因素，设计人类学侧重于客观因素。

文化人类学的研究者是一个观察者，哪怕是尽最大的努力介入当地社会，他还是一个外人。比如有一位美国加州伯克利大学的人类学博士，她到贵州黔东南去做苗族研究，她学会了苗语，学会了汉语，穿苗族服装，吃苗族饮食，长期住在村里。尽管如此，她始终是一位白人。所以，无论她参与程度有多深，她只是一个观察者。再如，三个人类学家到同一个村落做同一种调查，最后呈现的民族志是不一样的，因为三个人类学家是分别从三个主观的角度对它进行分析。所以，人类学强调主观因素。设计人类学要用研究者的设计理念、技术模式对设计对象进行改造、升级，自然要以设计对象的客观因素为准。

第七节　设计人类学的工作特点

文化人类学虽然讲究学科协作，但其田野工作通常是以个人为第一主体的调查，而设计人类学不同，设计人类学本身是一个独特的团队形式，在设计人类学的工作过程中，工作坊就成了一个非常重要的方式。

工作坊，即workshop，其实还有一个词比较相近，即siminar，我们叫"席明纳"。不管是workshop还是siminar，都是传统的人类学跟多样的对象结合，也就是多种学科结合。它的首要特点是到现场去，不是一个人，而是一个群体，一个特殊的工作群体到现场去。在充分调查的基础上，根据特定的目标进行特殊的讨论和研究，从而提出一种结合当地实际的设计方案。好处在于，第一，能充分尊重当地的文化和传统的因素;第二,不是由一个人的主观性来判断;第三,根据对象的情况进行现场讨论和研究;第四,在此基础上,汲取大家的共识性意见,提出一种设计方案。这就是设计人类学非常重要的方式和手段。工作坊的形式对设计人类学是非常有用的,它可以尽最大的可能避免偏见,避免主观判断,避免丢失重要的因素和目标。

CHAPTER 2

第二章

"天"造"地"设

第一节　中国古代设计观："天地人"合一

西汉哲学家董仲舒在《春秋繁露·立元神》中写道："天、地、人，万物之本也。天生之，地养之，人成之。天生之以孝悌，地养之以衣食，人成之以礼乐，三者相为手足，合以成体，不可一无也。"① 这句话的意思是：天地人，是万物的根本。上天用孝悌生成万物，大地用衣食养成万物，人类用礼乐成就万物，天地人三者互相辅助如同手足一样，合作成为一体，缺一不可。这是人类的生存法则，这条法则影响着人们日常生活的方方面面。

一、顺天之时

哲学家冯友兰将天的含义概括为五个方面，即"物质之天""意志之天""命运之天""自然之天"和"道德之天"②。

第一，"物质之天"，是与地相对的苍茫之天。

第二，"意志之天"，即信仰意义上的天，指的是超自然的神灵力量，或所谓的皇天上帝、后土神祇，是具有人格性的"至上神"。

第三，"命运之天"，孟子所谓"若夫成功则天也"，孔子说"五十而知天命"，这种天具有人不可抗拒的力量，所谓的天命、天意如是。

第四，"自然之天"，此"天"表现为各种"天象"，日月星辰、天体运行、风霜雨雪、四时更替、寒暑燥湿，是其表征也，它与"物质之天"的不同之处在于侧重自然的运行，蕴含着规律的运动。

第五，"道德之天"，儒经所言"天元""天道""天理""天德""天秩""天序""天纪"之"天"是矣，这是对宇宙及其运行规律最彻底的抽象，老子的"人法地，地法天，天法道，道法自然"当属此种。

从冯友兰先生对天的含义的理解我们可以察知，在中国历史的各发展阶段，人们对"天"的认知不尽相同。自上古以来，先民们受限于落后的生产力，无法解释大自然的阴、阳、风、雨、晦、明等现象，以至于认为在广阔的穹顶之上，仿佛有一种深邃而神妙的力量驾驭着自然界的运道③。

人们在长期的历史实践过程中，对"天"的理解虽然有别，但在各种自然现象变幻中发现了其存在的"时序性"规律，即"时"的认知，"时"作为"天"的内核思想将中国几千年的生产活动和造物文化一以贯之。刘长林在《中国系统思维》中写道："天的最大特征和本质内容集中表现为一定的时序。所以往往又把天称作天时。"④ 所谓"天时"，即日、月、

---

① 阎丽.董子春秋繁露译注[M].哈尔滨：黑龙江人民出版社，2003：95.
② 冯友兰.中国哲学史新编　第一册[M].1980年修订本.北京：人民出版社，1982：89.
③ 陈高明.和实生物——从"三才观"探视中国古代系统设计思想[D].天津：天津大学，2011：122.
④ 刘长林.中国系统思维[M].北京：中国社会科学出版社，1990：416.

星、辰的运息以及春、夏、秋、冬的轮回遵循一定的次序。这种前后相继、次第更迭的天文现象，正如管子所谓："春秋冬夏，天之时也。"①因此，在古人的意识里"天"即有"时"的含义，而"时"又具有"天"的内涵。所谓："天者，阴阳、寒暑、时制也。"②

自古以来，我国的生产方式以农业为主导，早在夏商时期，就开始采用"观象授时"的方式制定出历法，以此指导农业生产。人们对"天时"的重视，可以从这些诗句中得到印证："物其有矣，维其时矣"③，"损益盈虚，与时偕行"④，"天地盈虚，与时消息"⑤，"迨时而作，遇时而止"⑥，"不违农时，谷不可胜食也"⑦，"皆时至而作，渴时而止"⑧，"天道四时行，百物生"⑨。这些表述都体现出造物活动与自然时变、物产丰盈与时序运行的同一性。基于天时对农业生产的影响，人们便由此及彼地将其重要性推展至一切行为领域中。

在农事和造物上，古人完全遵从天时。除此之外，在环境的营造上仍以"天"为要旨。"法天则天"是古人大兴土木的原则，也是我国历代修建城池、宫室的传统。如周武王以"定天保"作为营建规则，秦咸阳宫贯彻这一规则，《三辅黄图》载："则紫宫，象帝居。""法天则地"的设计思想一直延续到明清时期，对我国历代环境产生了重要影响。

二、因地制宜

《周易》载："天尊地卑，乾坤定矣。卑高以陈，贵贱位矣。"⑩古人认为天是尊贵的，地是卑微的。历代帝王，称"天子"，自诩是"受命于天"，以"天之历数"作为治国理政的纲纪。再则，在古人的认知领域中，他们认为"天"掌控时间，"地"掌控空间；天处于支配地位，地隶属于天，受天的统摄。大地万物的荣枯兴衰都与时序运道相关，农事活动的时序安排均依赖于"天时"，风调雨顺时，富足有余，天象无常时，生活艰难。这种"崇天而卑地"的思想对后世产生的影响非常深刻，如宋代理学家朱熹说："天包着地，别无所作为。"明代农学家马一龙所谓："知时为上，知土为下。"清代《致富奇书广集》有云："天变于上，物应于下。"

---

① 谢浩范,朱迎平.管子全译[M].贵阳:贵州人民出版社,2009:496.
② 孙武.十一家注孙子校理[M].曹操,等注.北京:中华书局,1999:4.
③ 程俊英.诗经译注[M].上海:上海古籍出版社,2016:303.
④ 黄寿祺,张善文.周易译注[M].上海:上海古籍出版社,2001:336.
⑤ 周振甫.周易译注[M].北京:中华书局,1991:196.
⑥ 唐顺之.荆川稗编(二)[M].上海:上海古籍出版社,1991:48.
⑦ 金良年.孟子译注[M].上海:上海古籍出版社,2004:5.
⑧ 吕不韦门客.吕氏春秋全译[M].关贤柱,廖进碧,钟雪丽,译注.贵阳:贵州人民出版社,1997:975.
⑨ 张载.张载集[M].北京:中华书局,1978:13.
⑩ 黄寿祺,张善文.周易译注[M].上海:上海古籍出版社,2001:527.

虽然古人认为"天"对世间的影响远胜于"地"，但"地"作为万物的载体，是万物得以生存和发展的环境空间，与万物兴衰有着更直接的关联。《管子》有载："地者，万物之本原，诸生之根菀也。"[1] 说的是地是万物的本原，是一切生命的根。人们的日常生活、生产实践都离不开地的承载。在贤哲之士看来，"天"与"地"应作为一个整体看待。如《周易·系辞下》载："天地之大德曰生。"[2]《礼记·中庸》也载："天地之道可壹言而尽也：其为物不贰，则其生物不测。天地之道博也，厚也，高也，明也，悠也，久也。"[3] 从这些叙述中，我们能体察到我国古代"天地合一"的观念。管子说"若夫曲制时举，不失天时，毋圹地利"[4]，"天覆万物而制之，地载万物而养之"[5]。其认为"地利"与"天时"同等重要，不能"蔽于天而不知地"。

"地利"二字，"地"是物产的基本来源，与生计日常息息相关。《说文》注：利，铦也，从刀。和然后利，从和省。"利"字，从禾，从力。以耒翻地种禾之形。在甲骨文中，"利"的字形呈"以刀割禾状"，其原意为收割禾谷。《儿笘录》有云：以刀刈禾，利无大于此者矣。"[6]"地""利"二字皆与农事紧密相连，后将之引申为"利益"。

《左传》载："先王疆理天下物土之宜，而布其利。"[7] 其意为：先王划定天下的疆界，治理天下的道路、河流，考察土性所宜，而分派它们的利益。先王"物土宜"正是为了"尽地利"，只有用其宜，才能获其利。据《史记》载，周先祖后稷曾写道："相地之宜，宜谷者稼穑焉。"[8] 可见当时人们已懂得依据土地的状况不同来种植适宜的作物。这就是我们常说的"因地制宜"。随着实践领域的拓展，"地宜"逐渐影响到人们的居住环境，产生了"相地"观念。

"相地"源于农耕文明的定居生活方式，是人们为寻找适宜的居住地，在长期的生存实践中积淀经验，对自然条件进行合理利用，发展出来的行为活动，即"相地择居"，这是一种有意识的、自觉的环境选择思想。在中国传统的住居模式中，依山傍水、背阴朝阳，是最基本的选址条件。随着历代的发展，"相地择居"逐渐成为一种礼制贯穿中国古代营造活动的始终，其目的在于趋利避害，寻找一个适宜生存的地方，使人们生活富庶。从中国古代的建城历史来看，从历代都城、皇家宫苑，到村间坊部、私家园林，再到黎民家宅都蕴藏着"相地择居"的思想。《诗经》

---

[1] 谢浩范,朱迎平.管子全译[M].贵阳:贵州人民出版社,2009:434.
[2] 黄寿祺,张善文.周易译注[M].上海:上海古籍出版社,2001:569.
[3] 杨天宇.礼记译注[M].上海:上海古籍出版社,2004:706.
[4] 谢浩范,朱迎平.管子全译[M].贵阳:贵州人民出版社,2009:69.
[5] 谢浩范,朱迎平.管子全译[M].贵阳:贵州人民出版社,2009:603.
[6] 俞樾.儿笘录[M].清光绪十五年刻本.
[7] 李梦生.左传译注(上)[M].上海:上海古籍出版社,2004:516.
[8] 司马迁.史记[M].清乾隆武英殿刻本.

曾记载:"笃公刘,既溥既长。既景乃冈,相其阴阳,观其流泉。其军三单,度其隰原,彻田为粮。度其夕阳,豳居允荒。"说的是周部族后稷的曾孙公刘带领周族人迁居豳地,通过"相土"来选择适宜居住环境的情形。《诗经》还记载了周王宫室"相地择居"的过程以及王室具体的位置和方向,如《小雅·斯干》曰:"秩秩斯干,幽幽南山。如竹苞矣,如松茂矣。"它明确指出周王宫地处的情景:前有潺潺小溪水欢快流过,后有幽幽终南山沉静坐落。山水之间有翠竹摇曳生姿,也有茂密松林在风中缄默。从上述人们在农事、住居等生存实践中对"地宜""土宜"的利用可以看出,"地利"在人类的生存和发展过程中起着至关重要的作用。

周代自建立之后曾多次迁都和营建新邑,每次都要"相土尝水",勘察地理环境是否宜居。《周礼》就把当时相地的目的予以了清晰的描述:"以土宜之法辨十有二土之名物,以相民宅而知其利害。"① 另外,《逸周书》也记载:"别其阴阳之利,相土地之宜、水土之便,营邑制。"② 即是说以"相土尝水"的方式选择居住地以及营建都邑。

尤其是在农事方面,"地利""地宜"对人们的影响更为直接。"地利"一词本身就来自农业生产。而禾谷又是土地所出,收割禾谷所获自然就包含着"利益"。因而,清代学者俞樾说:"盖利之本义谓土地所出者。土地所出莫重于禾。"由此观之,"利"一字首先是由农事而来,后发展成"地利"。从"利"的字形会意,虽是以刀刈禾,但"禾"只是一种代指,"利"可以泛指土地所出,而不只是一种物利。"物土之宜"也就与"观天授时"一起成为历代统治者治理国家的要务③。

"地宜"和"土宜"的观念在原始社会之时已经产生了,即周族的始祖后稷已经懂得"相地之宜",教民土地是养育万物的载体,动植物的生长发育是直接受制于土壤以及气候条件变化的。在动植物与土地的关系方面,动植物若与土地相宜,则可以促使草木生长,鸟兽繁盛;如果违反地宜的原则,可能会导致动植物的凋敝。《考工记》曰:"橘逾淮而北为枳,上鹗鹆不逾济,貉逾汶则死,此地气然也。"④ 这里所说的橘移植淮河以北则为枳,貉向北越过汶水就不能存活的原因是丧失"地宜"所导致的。从这里可以看出,当时的人们已经注意到"地宜"对农业生产以及手工业发展所起到的决定作用。所以,管子言道:"五谷不宜其地,国之贫也。"⑤

这种行为体现出古人重视居住规划的整体性布局以及与山水地形相结合,因地

---

① 周礼[M].郑玄,注.陆德明,音义.四部丛刊明翻宋岳氏本.
② 周宝宏.《逸周书》考释[M].北京:社会科学文献出版社,2001:116.
③ 陈高明.和实生物——从"三才观"探视中国古代系统设计思想[D].天津:天津大学,2011:130.
④ 周礼[M].郑玄,注.陆德明,音义.四部丛刊明翻宋岳氏本.
⑤ 谢浩范,朱迎平.管子全译[M].贵阳:贵州人民出版社,2009:33.

制宜地构筑可居环境的思想。这一思想既包含有基于小气候考虑通风、采光、避寒等科学的内容，又有与山川形胜相结合，并依据自然的地形、地貌等实际情况来满足人们发展生产的生存需求的内涵。华夏文明发源于北半球的长江、黄河流域，充足的阳光以及丰沛的水资源，是地处这一区域的人们获得丰富生活资料的根本保障[1]。

从商周以来的"相地择居"思想中所蕴含的"因地制宜"与"因势利导"的观念来看：一方面体现了中国古代以农业为本的社会形态对土地的积极利用；另一方面也体现了古代人民从整体思想出发，协调人工环境与自然环境之间的和谐关系，以及追求人与自然协同发展的观念。自这种观念形成以后，千年以来一以贯之，成为影响中国古代城市规划、建筑选址以及园林营造的主导思想和设计原则。

三、存乎其人

《周易·序卦传》有言："有天地然后万物生焉。"[2]在世间，万物皆为天地所生，人是万物中的一个"存在物"，它们具有共同的自然基础。《周易》明确指出了人的自然性从起源上是与万物一致的，它们之间存在着天然的内联性。朱熹说："人之与物，本天地之一气，同天地之一体也，故能与天地并立而为三才。"可见朱熹认为人与天地万物一样皆是由"气"而生，它们虽质离形异，但起源是一致的，这些都说明天、地、人同根同源，也是人能够与天地并立的前提。王阳明在《传习录》中说道："盖天地万物与人原是一体……风雨露雷、日月星辰、禽兽草木、山川土石，与人原只一体。"[3]在王阳明看来，万物本为一体，天地相连，一气相通。

中国自古以来追求的"顺天之时，因地之宜"说的是古人主张凡事应按照客观规律、内在根据和本质联系进行安排与调整，使得万物处于最佳的状态。这种仰以观于天文、俯以察于地理的能力均依赖于人的介入。如阎闳所说："天之生也，与以所长，则限之以短，其于人也。"[4]

《考工记》有云："天有时，地有气，材有美，工有巧，合此四者，然后可以为良。"[5]其意指天有寒温之时，地有刚柔之气，材质有优劣之分，工艺有巧拙之别。顺"天时"，相"地气"，再加以人工"和之"，方能为良器。元代王祯说："顺天之时，因地之宜，存乎其人。"清代张标提出："天有时，地有气，物有情，悉以人事司其柄。"他们都说明了尊重自然与人工效用和谐统一的重要意义。

---

[1] 陈高明.和实生物——从"三才观"探视中国古代系统设计思想[D].天津：天津大学，2011：132.
[2] 黄寿祺,张善文.周易译注[M].上海：上海古籍出版社，2001：646.
[3] 王阳明.传习录[M].于自力,孔薇,杨骅骁,注译.郑州：中州古籍出版社，2008：345.
[4] 徐光启.农政全书[M].明崇祯平露堂本.
[5] 周礼[M].郑玄,注.陆德明,音义.四部丛刊翻宋岳氏本.

在天、地、人"三才"的理论体系中，人处于生物与非生物的含混地位，人的能动性由天地所赐，但又具有异于其他生物的创造性。这种创造性和能动性，使人能够认识自然、发现规律，并将宇宙天地间的一切关系加以利用，与大自然和谐共生。人与天、地的关系是平等的，三者相得益彰、珠联璧合。在实践过程中，人作为"自然物"参与建构大自然的全过程，虽然人能够凭借自身力量支配自然，但绝非大自然的主宰者。《象》曰："天地交，泰。后以财成天地之道，辅相天地之宜，以左右民。"意即天地交合，象征"通泰"，君主因此裁节促成天地交通之道，辅助赞勉天地化生之宜，以此保佑天下百姓。明代帅念祖在《区田编》中写道："以人力尽地利，补天功。"说的是人通过发挥能动性来化解天地的矛盾。

天、地、人作为大自然的三大元素，共同建构了一个完整的体系，人与天、地并列被称为"天时""地利""人和（力）"[①]。

第二节 中国古代的造物思想

中国古代的造物思想主要体现在"象""礼""和"三个字。在本节，笔者将进行详细阐释。

一、观象制器

《周易·繫辞上传》对"象"作出了这样的解释："是故夫象，圣人有以见天下之赜，而拟诸其形容，象其物宜，是故谓之象。"[②]意思是，"象"指圣人看到世间万物之理玄妙深奥，便以具体的形象比拟出来，象征事物相宜的含义。《周易·繫辞下传》曰："象也者，像此者也。"[③]象征的表现形式，就是模拟外物的形态来寓意。也就是说，"象"有模拟、象征事物体态之意，此为狭义之"象"。除体态之外，为发现不同事物之间的内在关联性，圣人通过观察、模拟或比较构建与此意相符的"象"，此为广义之"象"，即为"观物取象"[④]。圣人利用"观物取象"进行造物活动，《周易·系辞下传》第十四章曰："古者包牺氏之王天下也，仰则观象于天，俯则观法于地，观鸟兽之文，与地之宜，近取诸身，远取诸物，于是始作八卦，以通神明之德，以类万物之情。"远古圣人伏羲，依据对客观世界的观察和了解，总结归纳后创作了八卦这个符号系统，形成了专门的学问。这门学问之所以能"通神明之德，类万物之情"[⑤]，是因为它统计、认识、描述、反映了万物的性

[①] 陈高明.和实生物——从"三才观"探视中国古代系统设计思想[D].天津：天津大学,2011:134.
[②] 黄寿祺,张善文.周易译注[M].上海：上海古籍出版社,2001:563.
[③] 黄寿祺,张善文.周易译注[M].上海：上海古籍出版社,2001:569.
[④] 王怀义.20世纪以来《周易》"观物取象"的审美阐释[J].文艺评论,2023(1):57-64.
[⑤] 黄寿祺,张善文.周易译注[M].上海：上海古籍出版社,2001:572.

质、情理、状态及变化。人们在这套符号系统中可以充分运用形象思维、逻辑思维,来认识、了解、把握和运用天下万物运动、发展及变化的规律,以达成与实现自身的目标和价值。八卦通过对客观对象的模拟和体悟,以八种不同的符号(图2-1)(乾、坤、震、巽、坎、离、艮、兑)和所对应的八种物质(天、地、雷、风、水、火、山、泽)来表征和反映宇宙万物,从而使宇宙万物都含摄在八卦和经过推演之后的六十四卦的意象之中。

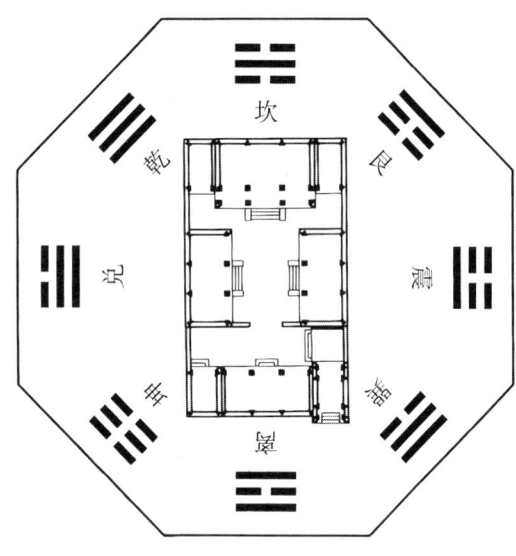

图2-1 八卦图

笔者以北京四合院的三进院落(图2-2)为例,来说明八卦在建筑中的运用。四合中的"四"指东、西、南、北四个方位,"合"即四面房屋围合在一起,形成一个"口"字形的结构。进入宅门的院落为第一进院落,是主人待客的地方。宅门是四合院的形象,同时也彰显着主人的身份,屋主人会根据自身的经济状况,着重对门进行营建,以求匹配自身的社会地位。婚嫁中人们通常提到的"门当户对",就是出于这样的考虑。与宅门相连的房屋因坐南朝北,被称为倒座房,供客人、仆人居住。内院南墙正中建有垂花门,也被称为"二门",是内与外的分界线。一般来说,二门不开,男性客人就到这里,内部的女眷也不会外出,我们通常听到的"大门不出,二门不迈"也正源于此。进入二门,才算进入内院。内院是四合院的中心,这是第二进院落,由北房、东厢房、西厢房组成。北房为正房,是院落中最高大、最宽敞的房间,是主人的居所,东西两侧建有耳房,耳房一般为主人的书房,东西厢房为晚辈的居所。游廊将北房、东西厢房、垂花门连成一体,既可遮风挡雨,又可乘凉休憩。通过耳房旁边的小通道,在正房的后面,是第三进院落,为后罩房。后罩房私密性最好,供女眷居住。从以上介绍可以看出,北京四合院具有深进平远和中轴对称两大特征。这种对称式的布局方式体现了中国的封建伦理、宗教礼制和等级观念。"家"体现出的社会等级制度,反映到住居中就形成了等级居住。等级居住是中国古代社会关系和家庭关系的尊卑体现,是人们在社会生活和家庭生活中的行为规范[1]。

北京四合院的朝向多为坐北朝南。坐北,即后墙背靠正北方;朝南,即住宅朝向正南方,在住宅院落的东南方开门。这种住宅门向布局属于风水大吉,有利家宅

---

[1] 段柄仁.北京四合院志[M].北京:北京出版社,2016:1221.

总运。为什么"坐北朝南"的房屋有利运势呢？北京地区的阳宅风水术讲究的是"坎宅巽门"，它源于易经八卦。有句口诀为："坎宅巽门子孙荣，皆因水木两相生，荣甲富贵多贤孝，世世科第见文明。"坎为正北，在五行中主水，本意是指低洼的地方，象征险滩。中国古代建筑大多为木质结构，极为怕火，甚至失火也隐晦地说成是"走水"。正房建在水位上，可避免火灾。而巽为木，属风，象征"一帆风顺"，"巽，东南也"。门开在这里以求平安顺利。所以，坐北朝南的房子叫作"坎宅"，而院门叫作"巽门"[①]。（图2-3）

我们从描述中可知，北京四合院的空间构成是受"象"的启发而作。中国传统建筑的规律性和"组织"性特征，与"象"密不可分。"象"蕴藏着我国古代造物的核心特质，它作为一个符号，代表着万物的复杂性与联结性。

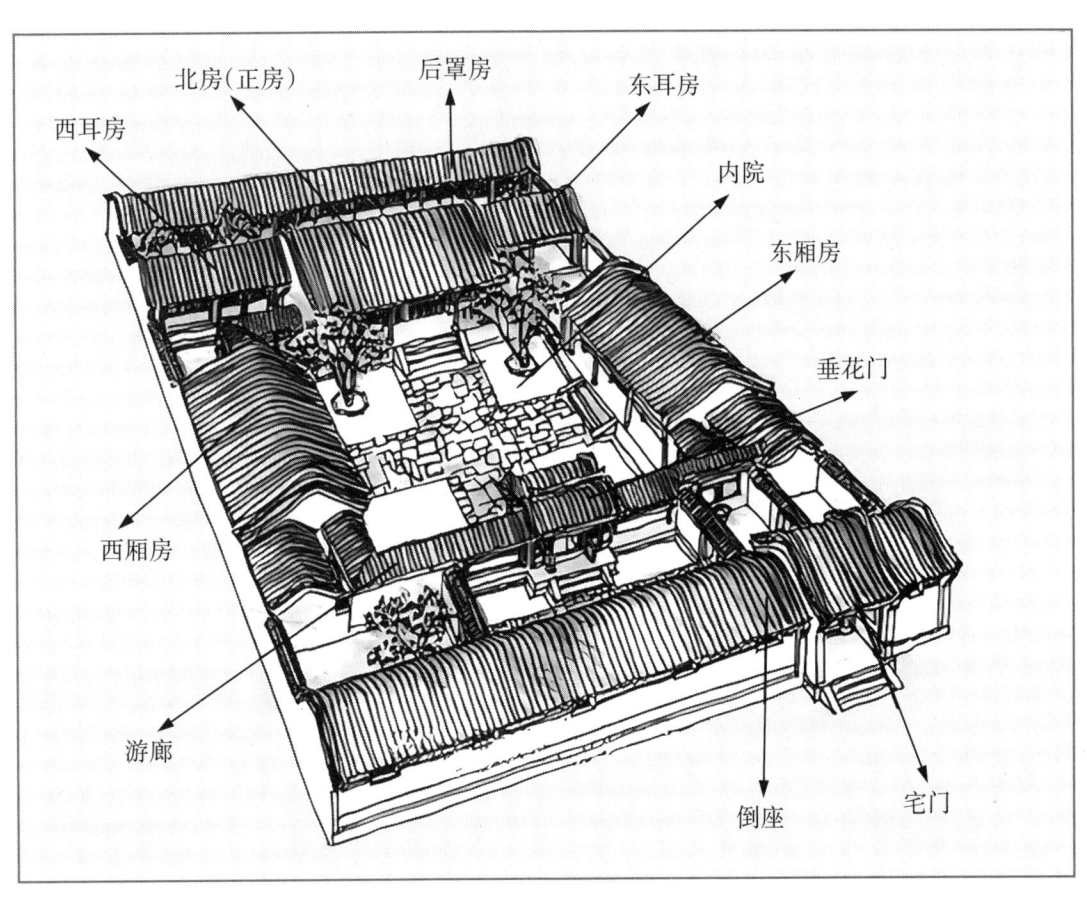

图2-2 北京四合院的三进院落

---
① 段柄仁.北京四合院志[M].北京:北京出版社,2016:1223.

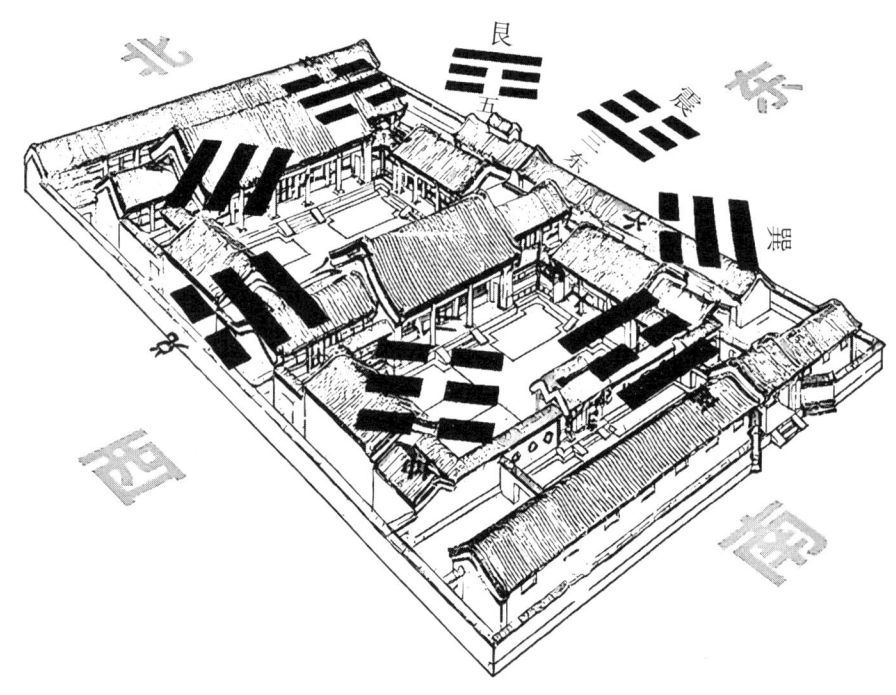

图2-3 四合院中的方位

二、器以藏礼

从"礼"的字源演变来看,"礼"在甲骨文和早期金文中作"豊",并无"示"旁。甲骨文"豊",上部是两个"玉"("珏")字。下面部分,有两说,一说是某种高脚的盘,类似于豆,古代用作祭器;盘中放着两串"玉",古时玉是贵重的物品,用玉敬神表示人对神的敬重。"豊"自然是在举行礼仪、敬神。还有一说,下面部分是"壴"字。"壴"是"鼓"的象形初文。古代举行祭祀仪式时,除了用贵重物品做祭品外,也必须得奏乐,而在先民们看来,物莫贵于玉,乐莫重于鼓,击鼓奏乐,捧玉奉献,无疑是最高、最神圣的仪式。由此,便有了"豊"字的构形思路。甲骨文中的"豊"字,即为一面鼓和两串玉的象形白描:下面是鼓,鼓面、支撑鼓体的架子,以及鼓体上方的标杆和装饰物;上面的标杆两侧,各有一串玉石。所以,"豊"同"礼",是古代祭祀用的礼器。

钱穆先生说:"中国古代传统文化之核心,就只一个'礼'字。""礼"的本义是举行礼仪、祭神求福。远古社会,人类总是匍匐在神明的脚下,对天地神祇恭敬有加。班固《东都赋》说道:"荐三牺,效五牲,礼神祇。""礼"的兴起是"致其敬于鬼神"的肇始。殷商晚期,随着专制制度的进一步确立、完善,王权意识与日增强,维持统治秩序的礼制逐渐得到了重视。《左传·隐公五年》写道:"明贵贱,辨等列。"所以在古代,青铜器既盛物,又象征贵族权力与地位。《左传·成公二年》写道："器以藏礼。"商周后礼器发展很快，成为"礼治"象征，是稳定王权秩序、维护社会秩序的物质载体[1]。

新石器时代至魏晋，受限于较低矮的建筑空间，形成了席地起居的生活方式。当时的家具造型和家庭礼仪，都围绕这种生活方式展开。这一时期的厅堂兼具寝室、厨房、仓库的功能，几乎集全家的家具于一堂，吃饭、睡觉都在其中。隋唐时，中国传统的建筑空间、家具造型和起居方式都发生了很大的变革。随着建筑技术水平的提高，抬梁式建筑逐渐发展成熟。这种建筑形式的梁跨度大，室内有了更高、更大的空间。随着居住空间的变高，和胡汉交融所带来的高足坐具，很快便流行于人们的生活中，而坐具以外的其他家具也随之变高。高足家具移动不方便且占据空间较大，吃、睡、会客集于一堂的生活方式因此难以为继。再加上此时中国传统家庭结构从世家大族群居，变为以血缘为纽带的小家庭的集合，大家庭的公共事务和小家庭的私人活动也需要在空间上加以区分。于是，厅堂逐渐成为专门处理家庭公共事务的空间，其功能和家具虽然简化了，地位却加重了。登堂入室、拜堂成亲，都是耳熟能详的成语，从中我们可以窥探到"堂"的寓意。在进行人数众多的家庭活动时，厅堂是住宅中最为宽敞的室内空间。无论南北，一进住宅的正门，就马上进入一个"堂"的气场之中：每逢年节，全家大小会在厅堂里供奉祖先、祭祀神灵；婚礼最重要的"拜堂"环节，也是在厅堂内进行的；家人在去世后，还要在厅堂停棺材、设道场，供人吊唁；另外，在称谓中，还有"堂亲"一词，它是用来指代同一个祖先下各支之间的亲属关系[2]。

厅堂的规模，也是礼法秩序的体现。《明史》记载，不同官阶的官员，营造的厅堂规模各不相同：一品和二品，厅堂五间，九架；三品至五品，厅堂五间，七架；六品至九品，厅堂三间，七架；庶民庐舍，不过三间三架。"间"指房屋的宽度，间数越多，厅堂越宽；"架"指房屋的进深，架数越多，厅堂越深。厅堂是"一家之脸面"，是一个家庭形象最具体、直观的体现。通过厅堂的陈设，即可了解一个家庭的社会地位、经济实力。大户人家的厅堂注重"典雅庄重、秩序井然"，以正厅中轴线为基准，家具、楹联、匾额、挂屏、书画屏条成组成套摆放，形成两边对称式布局。一桌二椅作为厅堂的中心，与主人的活动密切相关。唐宋金元时期，每逢节日，许多家庭会举行"开芳宴"，男女主人在厅堂正中的二椅上对坐，品尝美食，欣赏歌舞。而家中迎娶新妇时，男女主人同样要坐在厅堂正中，接受儿子和新妇的跪拜和奉茶。如果厅堂进深足够，那么在八仙桌前方的左右两侧，也会成对摆放椅子，那里是晚辈或下属的座位。有宾客来访，贵宾会被请到正中上座，一般来客则在两旁就座。以右主、左宾或左上右下为序，皆以"序"来入座。

---
[1] 熊嫕.器以藏礼:中国设计制度研究[D].北京:中央美术学院,2007:111.
[2] 马柏童.厅堂:秩序的空间[J].中华遗产,2019(3):8-17.

而晚辈们在厅堂吃饭时,也会以之为坐具。这些椅子以靠背椅为主,只有靠背而无扶手。此外,还有玫瑰椅,其椅背和扶手的高度相差无几。这种椅子不是厅堂里必备的家具,只在有需要时拿来使用。从厅堂里椅子的形制和摆放位置,就可以看出厅堂严格的礼法和长幼尊卑的秩序①。

《红楼梦》中,荣国府的厅堂"荣禧堂",就是非常标准的厅堂。曹雪芹借林黛玉的眼睛告诉我们进入堂屋中,抬头迎面先看见一个赤金九龙青地大匾,匾上写着斗大的三个大字,是"荣禧堂"("荣禧堂"是荣国府厅堂的御赐堂号。在厅堂内,书写了堂号的匾额,悬挂在正中条案的上方,在最打眼的位置。堂号选取,富有深意,或纪念先祖,或训诫子孙,或传达情感,最能彰显厅堂主人和家族的品性气质),后有一行小字"某年月日,书赐荣国公贾源",又有"万几宸翰之宝"。大紫檀雕螭案上,设着三尺来高青绿古铜鼎,悬着待漏随朝墨龙大画,一边是金蜼彝,一边是玻璃海。地下两溜十六张楠木交椅。又有一副对联,乃乌木联牌,镶着錾银的字迹,道是"座上珠玑昭日月,堂前黼黻焕烟霞"。下面一行小字,道是"同乡世教弟勋袭东安郡王穆莳拜手书"。大匾、大画、紫檀案和案上的古铜鼎,绘出"荣禧堂"的"中轴线"。对联、铜鼎两边的摆设和十六张交椅,则体现出了厅堂中应有的对称格局②。

慎终追远的中国文化,与敬天法祖的传统礼制,在一家一户的厅堂内得到了彰显。家的精神,就在厅堂之间。它是中国传统建筑空间的门面,里面的每一件家具、每一样摆设,背后都藏着特别的意义③。

三、和合共生

"和合"体现了中国特色的整体思想。自先秦以来,诸子百家承袭了"和合"文化。"和合"是我国古代先民处理人与自然、人与社会、人与人之间的关系的普遍原则。在万物生发、伦理道德、风雅情致中都贯穿着"和合"思想。

文字学研究表明,"和"字大约产生于战国时代,所以甲骨文中没有"和"字,最早的"和"是金文。"和"是由"龢""咊"简化而来。"龢"最早出现于甲骨文,"咊"却是在小篆中才被收入。在甲骨文中,"龢"有两种写法:𬎆、𬎇。据考证,"龢"从字形上看是由房屋、篱墙、庄稼组成的一幅早期农业社会氏族村落的景象,其中蕴含着生活的谐和感。郭沫若先生则认为"龢"是一种管簧乐器,这种解释来源于"和"字的另一个字源"盉",它在甲骨文中写作𥁕,从字形上看,它是一种器皿。王国维在《说盉》中写道:"盉乃和水于酒之器,所以节酒之厚薄者也。"意思是说,古人饮酒前,讲究按一定的比例加水于酒中,用以调和酒水的浓淡。所以"盉"为酒器。许慎《说文解字》中说:"盉,调味也。"在金

---

① 马柏童. 厅堂:秩序的空间[J]. 中华遗产,2019(3):8-17.
② 马柏童. 厅堂:秩序的空间[J]. 中华遗产,2019(3):8-17.
③ 马柏童. 厅堂:秩序的空间[J]. 中华遗产,2019(3):8-17.

文中，"龢""盉""和"是可以通用的，都具有饮食调和的作用。所以，不论是龢还是盉，它们都有一个共同的特征——把不同的事物协调好，达到一种和谐、美好的状态。再看"合"字，"合"字在甲骨文中就已经出现了，"合"的甲骨文字形是合，从甲骨文字形可看出，"合"的本义是指人口的上唇与下唇、上齿与下齿的合拢，在《说文解字》中解释为"合口也"。其基本意思是合在一起，引申为协调一致。

《论语》中的"礼之用，和为贵"[1]认为治国处事以及礼仪制度要以"和"为价值标准。"君子和而不同，小人同而不和。"[2]孔子从君子与小人两种不同个性的人出发来强调人与人之间应"取和去同"，勿"取同去和"。《孟子》："天时不如地利，地利不如人和。"[3]这些都表现出古人对"和"的重视，强调通过"和"达到一种美好的社会状态。

《荀子》中"天地合而万物生，阴阳接而变化起，性伪合而天下治"[4]，说的是天地和谐，万物才能生长，阴阳相接，世界才能变化，人的天性和后天的礼义结合，天下才能得到治理。"万物负阴而抱阳，冲气以为和"[5]，"终日号而不嗄，和之至也。知和曰常，知常曰明"[6]，及"和大怨，必有余怨；报怨以德，安可以为善？"[7]。说明"和"是宇宙万物的本质以及人类社会生存和发展的基础。庄子的"天气不和，地气郁结，六气不调，四时不节。今我愿合六气之精以育群生，为之奈何？"[8]"天地者，万物之父母也，合则成体，散则成始"[9]也诠释了"和""合"为万物之源。《吕氏春秋》云："天地合和，生之大经也。"[10]在传统文化中，"和"与"合"具有相同的含义，可以互通。"和"本身具有调和、和谐之意，如"和实生物，同则不继"；"合"则指融合、结合，如"天地合气，万物自生"。"和"与"合"单字本身也具有"和合"的内涵，而将"和合"连用不仅具有了"汇合、会通、凝聚"的意涵，同时暗示了事物与它所处的周围环境及总体结构之间的融会统一。在人类的生存环境中，"和合"状态是实现万物协调、百姓和乐的基础，如《周礼》所说："天地之所合也，四时之所交也，风雨之所会也，阴阳之所和也。然则百物阜安。"[11]在先民看来，所有事物均是得"和"而生，不同性质的事物只有处

---

[1] 杨伯峻.论语译注[M].北京:中华书局,1980:8.
[2] 杨伯峻.论语译注[M].北京:中华书局,1980:141.
[3] 金良年.孟子译注[M].上海:上海古籍出版社,2004:78.
[4] 方勇,李波.荀子[M].北京:中华书局,2011:313.
[5] 陈鼓应.老子今注今译[M].修订版.北京:商务印书馆,2003:233.
[6] 陈鼓应.老子今注今译[M].修订版.北京:商务印书馆,2003:274.
[7] 陈鼓应.老子今注今译[M].修订版.北京:商务印书馆,2003:341.
[8] 方勇.庄子[M].北京:中华书局,2010:169.
[9] 方勇.庄子[M].北京:中华书局,2010:295.
[10] 吕不韦门客.吕氏春秋全译[M].关贤柱,廖进碧,钟雪丽,译注.贵阳:贵州人民出版社,1997:296.
[11] 周礼[M].郑玄,注.陆德明,音义.四部丛刊明翻宋岳氏本.

于"和合"的状态方能生生不息。正所谓:"得由和兴,失由同起。"[1]《周易·乾卦》载:"保合太和,乃利贞。"[2]"太和"在这里即有"和合"之意,朱熹认为"太和"即是"阴阳会合冲和之气也"[3]。宇宙万物只有保持完满的和谐,才能顺利发展。另外,《周易》六十四卦虽然互相差异,但它们所共同构成的整体又是和谐对称的。这种有差异的统一,有区别的整体,体现了整体"和合"思想,为中国古代"和合"思想提供了理论根据。

中国现存的最早的史书《尚书》中写道:"九族既睦,平章百姓。百姓昭明,协和万邦。"[4]这句话的意思是帝尧能发扬大德,使家族亲密和睦。家族和睦以后,又辨明其他各族的政事。众族的政事辨明了,又协调万邦诸侯,天下众民也相递变化友好和睦起来。其同样表达的是对"和"的追求。"和合"所体现的整体系统思想包含两个方面的含义:其一是古人将天地万物视作一个相互关联的统一体;其二是天地万物之间存在着和合相生的关系[5]。

---

[1] 许嘉璐.后汉书[M].上海:汉语大词典出版社,2004:1600.
[2] 黄寿祺,张善文.周易译注[M].上海:上海古籍出版社,2001:6.
[3] 朱熹.周易本义[M].廖名春,点校.广州:广州出版社,1994:27.
[4] 王世舜,王翠叶.尚书[M].北京:中华书局,2012:5-6.
[5] 陈高明.和实生物——从"三才观"探视中国古代系统设计思想[D].天津:天津大学,2011:22.

CHAPTER 3

一

第三章

以"人"为本

第一节　西式的设计关怀

一、设计的温度

何为设计的温度？首先，我们需要解答一个基本问题：什么是人性化设计？

以人为本设计、以用户为中心设计、无障碍设计、包容性设计、适老化设计……当越来越多新兴的设计术语出现在你面前时，你会不会感到茫然而不知所措？人性化的设计难道就是简单的以人的需求为出发点的设计吗？

比如一款教学用伸缩杆设计，这款教学伸缩杆可以自由伸缩，最长可达1米，收缩后也方便随身携带，有多种颜色可供选择，且可进行更便捷的触屏式教学。这样的设计似乎确实能够让目标用户在使用服务或产品时得到必要的满足和愉快体验，做到了"人性化"。

而爱宠人士为宠物猫购买的那些与猫抓板结合的猫爬架，以及那些为宠物鹦鹉设计的啃咬玩具等等，我们似乎又可以把这样的设计看成是"以宠为本"的设计。

如果之前的教学伸缩杆是"以人为本"，宠物玩具是"以宠为本"的话，那么遛狗飞盘或者逗猫棒产品的设计又是优先满足了人的需求还是宠物的需求呢？

狩猎是猫狗一生中必不可少的一个重要环节，诱逗猫狗的基本原理，就是满足它们狩猎和娱乐的需求。长期没有猎物可以追逐撕咬，再活泼的小猫小狗都会逐渐变得抑郁，这样就极易出现抓咬人、破坏家具等行为。选择一款合适的玩具和宠物们互动，不仅可以有效防止宠物的不受控制及伤人行为，还能有效地训练它们，增进人与宠物间的感情。这样看来，这些诱逗猫狗的玩具用品设计，才是实现了"双赢"。

其实，笔者认为"以人为本"是一个被过度使用和常被误用的术语，所谓人性化设计，强调的是设计能否与人达成一种互动和融合，是否满足人的某种物质或精神需求，同时还要强调人、产品、社会、环境之间相互依存、互促共生的关系，设计是具有平等性的，有温度的，只有这样的设计才能算是有价值的设计。

另外，说到给人以关怀的设计，我们以人体工程学为例，作简要说明。

人体工程学追求用户体验至上，适配了人体的生理结构，强调舒适性和效率性的重要作用，让用户在使用产品的过程中除了感受到生理上的放松外，还能获得心理上愉悦的情感体验，这就是一种设计本应该体现出的温度。

就拿生活中手写工作时所必需的工具——笔的设计来说，当你长时间习惯了使用一种笔，突然在某一天，改为使用给人关怀、基于人体工程学所创造出来的重力笔时，想必都会产生一种特殊的、被照顾到的、舒服的感觉。这种重力笔将笔的重心设计得更靠近用户手指的位置，从而更容易写出灵活的笔触；笔头比笔管大的握把设计，扩大了握持区域，以获得更舒适的手感；多面形式的握把设计也使握笔更容易，从而使握持更稳定。

对每一个经常用笔的人来说，这种以人为本的关怀是很重要的。我们来看一款思笔乐品牌的儿童自动铅笔，这个来自德国的设计，曾获得IF设计奖。（图3-1）

大直径笔身，方便抓握，加强运笔稳定性，人体工程学握笔设计，能够引导孩

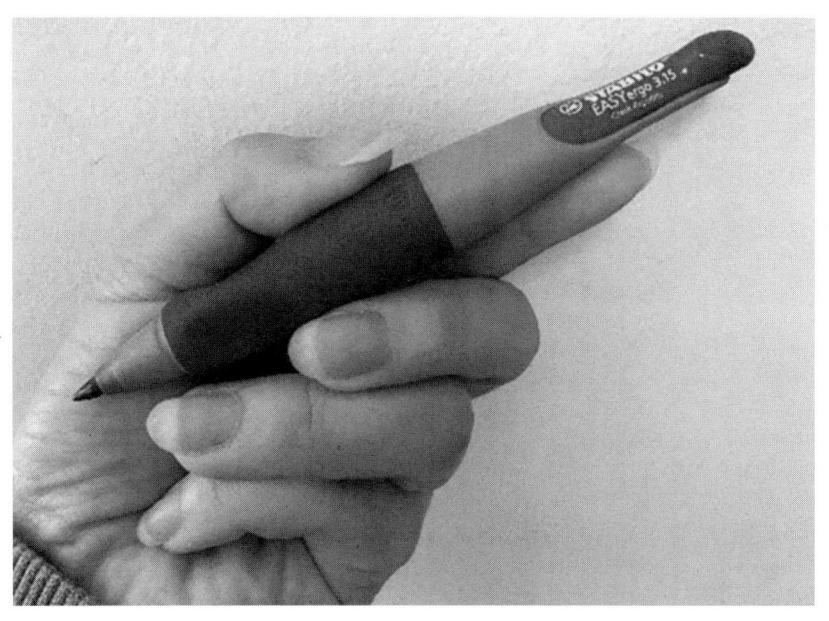

图 3-1　思笔乐品牌的儿童自动铅笔

子掌握正确握姿。由此看出，以人为本的关怀实质上是体现在人的多层需求方面的。这款笔的设计旨在创造更加舒适和高效的书写体验，将用户的需求和健康作为设计的核心。

遗憾的是，这款铅笔的价格，包括它的可替换笔芯的价格，其实并不亲民，这也是很多父母放弃这份设计关怀的首要原因，这款铅笔甚至成了校园里孩子们产生攀比心态的一种物化体现。这似乎违背了设计的平等性。其实有时高价的设计可能与创新、高质量和个性化等因素相关，但这并不意味着其他价格更低的设计就无法实现平等。平等的设计应该综合考虑经济、社会和环境因素，寻求在不同价位上实现高质量和有价值的体验，这也正是设计师要去努力实现的目标。

设计的本质不应是冰冷的，它应当是有温度的、平等的、包容的，人性化设计在关键时刻也许会成为产品最大的财富来源。

总而言之，以人为本的设计是与同理心相关联的。

2013 年，由 IBM 推出的"Smarter Cities"系列户外广告，让户外广告摇身一变，化作极具功能性的城市便利设施——"遮雨棚""休闲长椅"和"无障碍坡道"，这些看似简单的设计却巧妙地让整座城市富有了浓郁的人情味和设计感。不难发现，一座城市的爱与智慧，往往体现在设计的细枝末节之上。

此外，在人性化的设计中，"人"是具有平等性和包容性的概念，其意义不仅仅局限于最终用户，还可以包括其他与产品或服务相关的利益关联者，如消费者、员工、社会群体等。设计平等是注重不同层次人性需求的设计，所以它同样倾情于关注老人、儿童和残障者等社会特殊群体的物质和精神需求。

老人、儿童和残障者群体属于社会的

弱势群体，在生活中他们随时会面临困难和危险。设计师要把这些弱势群体的不便和风险纳入公共环境和公共设施的设计中，让他们充分感受到温暖，让设计展现出人与人、人与物的和谐亲近。

例如谷歌为帕金森病患者研发的勺子Liftware Spoon。帕金森病是一种中老年人常见的中枢神经系统退变性疾病，不自主抖动是该病影响患者生活质量的最重要原因。谷歌的Liftware Spoon以感知和预测帕金森病患者的手部抖动，并依此对勺子进行调节，从而最大可能保持平衡，帮助患者顺利自主进食。

还有那些专门为色盲和色弱群体设计的眼镜，都是非常有人情味、有温度的产品。世界上平均每12名男性、每200名女性中，就有1人是"色盲"或者"色弱"，但很多人终其一生都不曾察觉。色盲眼镜可以帮他们看到一个更加色彩斑斓的世界，这是多么伟大的一个设计啊。

最后，来看西班牙一则特殊的、温暖的且充满力量的街头广告。广告的目标是为当地的儿童提供特殊援助，设计的平等性不仅可以智慧满满，还可以充满关爱。这则广告的创意在于：成年人和孩子的高度和视角不同，能看到的广告画面和内容也是不同的，任何身高超过1.35米的成年人，他们都只能看到一个抑郁沮丧的儿童和那一行特别容易被忽视的文字："有时候，虐待的行为只有那些正在遭受着虐待的孩子本人才最了解。"但如果是小孩子的视角，就能看到完全不同的另一个画面，那就是小男孩脸上严重的淤青和一句充满力量的鼓励："如果有人伤害你，请给我们打电话，我们会帮助你！"旁边还有儿童求助热线号码：116111。

这不是夸张的宣传，也不是迷惑人的魔术，而是通过精心的设计和高科技的融合才能达到的惊艳效果。

人性化的设计实质就是一个多学科不断分化整合的产物，比如设计师进行用户画像研究分析的过程，就非常类似于人类学家所进行的田野调查过程，即必须要融入对方的世界中，深入理解对方的生活和习惯。如果你持续地专注于这个深谙人性的设计之道，那你将可能创造出真正平等的、包容的、人性化的设计产品！

在"有温度的设计"和"设计的平等性"交汇的地方，我们看到了设计的无限潜力，这样的设计方法不仅仅关乎外部的形式，更关乎内在的价值和社会功能。通过将温度感和平等性相结合，设计可以成为传递情感、倡导平等的桥梁，为社会创造更美好、更包容的未来。

二、包容性设计

说到设计的平等，那就不得不提到一个概念——包容性设计。

包容性设计的理念最早是在20世纪的欧洲被提出并广泛应用，当时欧洲残障人士进入主流社会的呼声高涨，人口老龄化速度加快，加上现代科学技术的大力推动，最终构成了包容性设计的基本背景。现在它俨然已经成为当今世界上一种非常重要的设计理念。

包容性设计旨在创造出能够适应和满足不同用户需求的产品、服务、环境和体验。这一设计方法不仅需要考虑用户的生理感官需求，还需要关注用户的文化认知差异、心理背景、年龄和能力等多样性因素，简单来说，包容性设计就是平等地对所有人都具有包容力的设计。

在包容性设计里，适老化是影响力最大的原则之一。

随着年龄的增长、身体机能的下降，不安、焦虑、无助的孤独感会逐步影响老年人的心理健康。适老化设计旨在确保各种环境和产品都能满足不同年龄阶段和能力水平的老年群体的需求，用设计的方式去激发老龄化社会的活力。

前些年大火的电影《夏洛特烦恼》中，一个可爱的爷爷，用一句经典台词"马什么梅"，给观众留下了深刻的印象。电影正是以搞笑诙谐的表现手法，侧面体现出一种老年人对于自身身体机能衰退的无奈和旷达。面对这样的情况，我们首先要做的就是深入研究老年人身体机能与精神情感发生的变化，以设计为手段，让此类"衰老体验"变得更加柔和，充满温暖。

这种柔和的关怀，不仅是物质需求方面的，更是精神与情感需求方面的，这对大部分老人，尤其是刚进入初老阶段的老人，以及对自我尊严感要求比较高的老人来说，都是非常有意义的。

下面，分享一些经典的、充满温度感的、体现平等性的设计案例。

首先是一款专为老年人群和行动不便人群设计的创意拐杖产品。当人们因为身体不便无法快速站立或行走的时候，按压拐杖便会伸缩反弹，以此来快速帮助用户解决困扰，同时，它的特殊结构还有利于肌肉的锻炼。

接下来是一则适老化设计案例。

近些年，由于人口结构急速变"老"，科技产品持续更"新"，老龄社会与数字社会已然相逢。在国家大力推进消除老年人"数字鸿沟"的背景下，移动应用适老化改版设计在中国可谓是多点开花。

对比支付宝APP推出的标准版和适老版，不难看出，适老版的功能更简洁，结构更清晰且突出重点，这些都是根据老年人的特征做出的优化。支付宝的设计师们甚至还总结出了适老化设计的一些小技巧。

首先，在清晰度方面，做到加大字号，增强对比度，让信息传递更清晰，设计上色彩优于图片，且优先使用写实图片；其次，在理解度方面，文案的表达尽量用"动词短语"代替"名词短语"，比如用"充话费"代替"手机充值"，且避免专业术语和网络新词，必要时会在用户操作前给予一定的提示；最后，在操作度方面，用点击代替滑动和输入，要知道，"点击"是人类最晚退化的机能之一，对老年人来讲也是最简单的动作指令。此外，除了视觉外，也会利用触觉、听觉等感官刺激进一步辅助用户的操作，比如振动或语音播报。

尽管支付宝的适老化设计仍然存在着很多不足，但它确确实实地实现了让老年人更方便地进入数字生活。

再来探讨一组由意大利设计师设计的日常用品：一张桌子、一个步行架、一面镜子和一把刷子。设计师将每一件物品都转换成一种深情的日常动作语态，比如爱抚、凝视，这个系列的设计灵感来自生活中那些属于老年人独有的浪漫情怀。可以说，适老化设计有能力为老年群体提供更多的自主权和尊严，强调回忆和情感表达的重要性。

除了适老化，在包容性设计的平等理念里，其实还有一个很重要的原则，那就是无障碍。无障碍设计的主要目的是根据残障群体的实际需求，通过设计使他们可以和健全人一样同等地获取信息。从这一点可以看出，无障碍设计中是包含适老化设计的。不同的是，无障碍设计的目标用户群体及需求比适老化设计更广泛、更多样化，需要考虑的交互模式和参与方式也更多。

比如下面三个暖心的无障碍设计案例。

1. 在意大利佛罗伦萨的乌菲齐美术馆，画作的旁边会放置一个特殊的触摸装置，让盲人也可以通过触觉欣赏到美妙的艺术。

2. 在土耳其的一个海边浴场，有一条专门为残障群体设计的下水通道。

3. 韩国的一个创新团队，开发了世界上第一款盲文智慧型手表。它的功能面是连串的凸起，能够与手机配对，手机收到信息后，会翻译成盲文然后通过振动提醒用户。这些凸起能上下浮动展现盲文的变化，这种变化速度甚至可以调节。除此之外，这款无障碍设计手表还拥有报时、提醒、闹铃等功能，为了更好地服务残障群体，该设备还开放API，任何人都能通过开发新的应用程序来对该产品的功能进行强化。

包容性设计强调所有人应该享有平等的权利和机会。这意味着设计应该避免任何形式的歧视，确保人们都能够平等地参与、体验。

考虑性别多样的趋向性，世界上很多地方都已经开始普及全性别卫生间，比如德国的一所高校内，学校学生会提议将学校的部分卫生间改造为全性别卫生间，这种卫生间采用隔间设计，内部包括洗手台和马桶，同时将小便池建立在一个单独的区域，兼顾效率性和隐私性。之所以选择这样做，是为了解决变性人、跨性别者和无性别群体的困境，他们常常因为歧视等问题而避免在学校使用卫生间，而学校希望能够让每个人都能舒适地使用卫生间。而且，比起单性别卫生间，全性别卫生间的排队时间也会更短。

作为设计者，我们应该承认并关注不同用户群体的特性和差异性，并综合考虑设计的延展性，做到尽可能地使产品为更广泛的人群服务。

Kizik是一家来自美国的新锐免提鞋品牌，专注于研发和销售一款不用手提就可以穿的鞋子。实际上该品牌真正的核心用户是具有运动障碍的人群，比如帕金森病患者、上肢截肢者、肌无力患者、脊柱受损者、孕妇，以及因手受伤或遇到紧急情况等原因暂时没办法用手穿鞋的人。当然，懒得动手的用户也会很喜欢这个设计，他们可以根据自己的喜好进行颜色和款式的挑选，所有的产品都实现了解放双手的穿鞋功能。

总之，包容性设计是以人为本的平等性设计的一部分，它几乎涉及人类多样性的全部范围，可以应用于各个领域，包括产品设计、UI设计、建筑设计、城市规划设计，甚至教育和医疗系统设计等。包容性设计不仅有助于创造更好的用户体验，还能促进社会的多样性和包容性。

第二节　中式的设计精神

本节将从中国传统文化中的"五",来反映中式设计的色彩观。

金、木、水、火、土是"五行"理论中的基本元素,它们相互影响和制约,形成了宇宙间的一切事物和现象。金代表坚硬的物质,木代表生长的能量,水代表流动的能量,火代表热烈的能量,土代表稳定的能量。通过"五行"理论,人们可以解释自然现象和社会现象,以及人体的生理和病理变化。"五"这一神圣数字的原型与中国宇宙观念的"五行"思想有密切关系,它深深地影响着中国古人的精神世界和物质世界的建构。它们被广泛地应用于人们的日常生活中,以规范人们的言行举止和价值观。这些概念不仅仅是对道德规范的阐述,同时也反映了古代人们对宇宙和生命的理解和认知。

古人从"五"的原型中,还发展出五常、五德、五谷、五味、五音、五脏、五色等基本概念和意义,这些概念在中国传统文化中占据着非常重要的地位,深刻地影响了人们的思想和行为方式。

相较于更注重物理特性和科学理论,倾向于将自然科学原理运用到色彩之中的西方色彩而言,中国传统色彩更重视意向,追求的是"随类赋彩""以色达意"。中国古人从观察自然运行开始,逐渐融五行、方位、伦理、哲学甚至中医养生等为一体,形成青、赤、黄、白、黑五正色,然后在此基础上按照五行相克的规律演化出瑰丽繁复的诸多间色。就如《孙子兵法》云:"色不过五,五色之变,不可胜观也。"[1]中国人给颜色取名,常"观物取意",既是记录山川日月的风雅,亦是融于生活的诗意。雨过天晴,谓之"霁色";黎明时分高空天色,曰"东方既白";太阳快落山、烟雾交织又被夕阳透过来,叫作"暮山紫";由上百种草烧完后附于锅底中所存的一层跟霜一样轻柔的烟墨是"百草霜";等等。

中国古人对色彩的认知源于自然,又不止于自然。它来自天地万物,来自我们的古老文明。遍布于诗词、典籍、史书、佛经、服饰、器物、饮食、自然、宇宙、伦理、哲学等观念中,被寄予着浓厚的美学色彩和历史故事。"画缋之事,杂五色。"何谓五色?即青、赤、黄、白、黑,是中国的正统色。青色,生命初发之色,日出东方,谓之东方之始。中国古人宠爱青色,中国道家哲学信奉自然的力量,而最接近自然的颜色就是青色,因此青色被作为"天人合一"的视觉象征,如古代婚礼用青布做帷帐,名之"青庐"或"青帐"。赤色,生命蓬发,谓之五色之荣,故赤为盛阳之色。北京故宫坤宁宫主色是赤色,明代坤宁宫是皇后的日常居所,清代坤宁宫是皇帝结婚祭祀之所。赤色同样也是民间婚礼最主要的颜色。中国红作为中国人的文化图腾和精神皈依,其渊源可追溯到古代对日神虔诚的膜拜。黄色,"黄色起犀表,紫绶照金章",五色中,尤以黄为贵。中国的人文初祖为"黄帝",华夏文化的发源地为"黄土高原",炎黄子孙的肤色为"黄皮肤",中华民族的摇篮为"黄河"。黄色五行属土,象征中正帝统,汉以后的历代王朝,以黄色为皇家

---

[1] 陈曦.孙子兵法[M].北京:中华书局,2011:77.

专有色彩，自宋以后，黄色更是进阶为皇帝专有色，以黄为尊。白色，白为本，五色中的基础色。白色作为中国传统文化"五色"之一的"白"对应"五方"中的西方，西方之神为白虎，是传说中的凶神。黑色，"黑，北方色也。从水，属太阴"。在中国传统文化中，黑也被称为"玄"，既为始也为终，意蕴悠远。道家思想认为玄黑是本源，将其视作"众色之母"，一切颜色都是从玄黑中生长出来的，就像万事万物皆发自于"道"。

由于正统色最为纯正，因此象征着高贵和权威，是皇族的专有色。清朝皇帝身穿的衣服有青、赤、黄、白、黑五正色，皇后的颜色更加丰富，除了五正色还有五间色。中国历史浩瀚如烟海，每个朝代都有独特的色彩偏爱，如夏朝尚青色，商朝尚白色，周朝尚红色，秦朝尚黑色。间色的地位低于正色，是大臣贵族的颜色。在不同的文化认同下，拥有着不同的色彩秩序。比如，春秋第一霸主齐桓公为了彰显齐国实力，一改前代的赤色为尊，直接穿紫袍上朝，引起孔子的不快，这也是孔老夫子那句"恶紫夺朱"的由来。实际上，紫色虽不在五正色之列，却仍然显贵，象征天帝的居所紫微星，明清皇宫叫"紫禁城"即由此而来。平常百姓则只能使用饱和度比较低的颜色。

华夏先民从观察天地运行、日出日落和时序更迭的自然景色中，得出青、赤、黄、白、黑为滋生万物色彩的五种基本色调，提炼出"五色观"，再融阴阳、五行、方位、声音、伦理等为一体，逐渐构建起中国独有的哲学理念的色彩理论。中国传统的"五色观"，并非独立静观的存在，而是一个全息式的整体思维系统，对应天地、阴阳、方位、季节、声音，牵系五脏、五味、五气，关乎内心的声色与动静。

CHAPTER 4

第四章

比"权"量"力"

第一节 僭越："以生态为红线"引发的四个问题的思考

本节，笔者将从以下四个问题引导大家对"权力"与"生态"进行思考。

一、亚洲象为什么会一路北上？

2020年3月，一群野生亚洲象从云南西双版纳出发（图4-1），一路北上，抵达昆明边界。这群出走的亚洲象火爆全球，超1500家国内外媒体跟踪报道，微博话题阅读量超50亿人次，吸引了上亿人全程关注。当地工作人员一路护送引导，最终让它们平安回到西双版纳。亚洲象为什么会一路北上呢？网上热议的观点有两个，观点一：栖息地遭到破坏、食物来源困难；观点二：不适应气候变化。

要讨论这个问题，我们需从大象的整体迁徙路线说起。4000年前，大象出没于后来称为北京的地区，以及中国的其他大部分地区，这在考古遗址中发现的象骨及青铜像上得到了印证。说明在古代，中国的东北部、西北部和西部地区有为数众多的大象。今天，在我国境内，野象仅存于西南部的几个孤立的保护区[1]。

为什么大象退却了？

原因一：可能在于气候变冷。原因二：大象在与人类持久"争战"之后败下阵来。可以说，它们在时间和空间上退却的模式，反过来即是中国人定居的扩散与强化的反映。这表明，中国的农民和大象无法和谐共处。原因三：在岭南，因为一些非汉族文化习俗的影响，这里的人与大象的冲突似乎不那么大。唐代的一位作家评论茫施"蛮"（傣族），写道："孔雀巢人家树上，象大如水牛，土俗养象以耕田，仍烧其粪。"[2]

我们从唐代诗人柳宗元的《行路难三首·虞衡斤斧罗千山》这首诗中能体察到伐木的情景。

图4-1 亚洲象北上

---

[1] 伊懋可.大象的退却：一部中国环境史[M].梅雪芹,毛利霞,王玉山,译.南京：江苏人民出版社,2014:10.
[2] 伊懋可.大象的退却：一部中国环境史[M].梅雪芹,毛利霞,王玉山,译.南京：江苏人民出版社,2014:11.

《行路难三首·虞衡斤斧罗千山》

〔唐〕柳宗元

虞衡斤斧罗千山，工命采研代与橡。
深林土剪十取一，百牛连鞅摧双辕。
万围千寻妨道路，东西蹶倒山火焚。
遗余毫末不见保，蹦踯涧壑何当存。
群材未成质已夭，突兀哮豁空岩峦。
柏梁天灾武库火，匠石狼顾相愁冤。
君不见南山栋梁益稀少，
爱材养育谁复论。

这首诗讲的是林官率领伐木的队伍搜寻千山，奉命采伐营建宫室的栋梁。被齐土砍下的大树仅为十分之一，无数牛马一齐用力把运树的车辕都拉断了。万千棵参天大树使道路无法通畅，伐木者砍倒它们一把火烧光。侥幸漏网的一点儿树木也难逃厄运，伐木者的足迹踏遍了溪涧与丘山。众多的珍稀树种未等成材就被摧残，兀自屹立的山峦变得空空荡荡。如果再有汉代柏梁台、晋代武库的大火，再好的工匠也难为无米之炊，只能愁肠寸断。人们啊，你可知道如今国家良才已日益稀少，有谁把栽培爱惜人才的事提到议事日程之上？

在古代，滥伐森林并清除其他原生植被的原因不外乎三种：第一种也即最常见的是为耕作和定居而砍伐，包括防范野生动物与森林火灾的威胁，农耕意味着清除森林；第二种可能是为取暖、烹饪以及像烧窑和冶炼这类工业生产供应燃料而砍伐，第三种是为提供营建所需的木材而砍伐，如建造房屋、小舟、大船和桥梁需要木材。在经济发展过程中，燃料和建设所用木材短缺，成为人们为两千多年的森林砍伐所付出的日复一日的代价。结果，对很多地区的人来说，生活成了无休止的挣扎[1]。

2017年至2019年，笔者在西双版纳勐腊县勐腊镇曼旦村进行田野调查，村里的中年村民告诉笔者："村里经常来大象，我小时候可不这样。"20世纪五六十年代，西双版纳开始大面积种植橡胶（图4-2）。

图4-2 橡胶 何庆华摄

---

[1] 伊懋可.大象的退却：一部中国环境史[M].梅雪芹,毛利霞,王玉山,译注.南京：江苏人民出版社，2014：40.

在早些年，森林红线每年在突破，村民为了获取个人利益，肆意破坏森林种植橡胶。尹绍亭在《雨林啊胶林》中说这是一部饶有兴味、引人入胜的生态史！50年间，雨林变成了胶林，大自然屈从了人类。

或许正是因为近几十年来，人类在西双版纳地区修隧道、建高速、盖高楼等，侵占了大象的地盘，使其栖息地遭到破坏，导致大象北上。所以，"滥杀乱伐，是生物安全的红线"。

二、疾病是怎么来的呢？

研究表明，随着采集—狩猎阶段的结束，人类开始在一地定居，疾病就增加了。患病风险的增加并未阻止农业人口的增长。相反，人口越多，田地面积越广，才会有更多食物来养活更多孩子。在这一点上，人类与其采集—狩猎祖先及其他顶级掠食者（狮子和老虎等）不同，后者数量稀少，并未让自然失衡。从公元前3500年开始，统治者及其各色仆从开始在地球上少数人口稠密的农业区建立城市。于是，疾病模式再次发生变化，并表现出多样和不稳定等区域性特点。当大量人口开始聚集于城市，垃圾处理难度前所未有地增加了，感染风险也成倍增加，因为士兵、商贩、水手与商队的长距离往来常常会打破疾病的边界，并把传染病播散到远方。直到20世纪，流行病学家才认识到宿主和病菌之间是相互适应的，由此症状（和医学诊断）才会不断变化。

纵观人类历史，每一种改变社会信仰的瘟疫暴发都源于人类的动物亲戚。它们"跨越物种界限"，传染给了人类。从人数上看，人类历史上有记载的单次规模最大的传染病是第一次世界大战末期暴发的一场流感，它造成了约5000万人死亡。有据可查的影响最大的传染病，是14世纪中叶那场造成西欧25%以上人口死亡的腺鼠疫。多数传染病之所以对人类如此致命，是因为人类第一次接触这些病原体，还没有演化出对它们的免疫反应。例如，天花与牛痘有关，后者对牛来说问题不大，但它在人体内的变异形式往往是致命的。同样，艾滋病病毒与非洲灵长类动物身上出现的一种病毒关系密切，但在后者身上，它只会引起轻微的类流感症状。其他例子还包括麻疹（与牛瘟这种蹄类动物疾病密切相关）、结核病（与牛身上的类似疾病关系密切）、流感（猪和鸡鸭等禽类中出现的类似病原体，分几次传染给人的一系列病毒性疾病）。

提起SARS病毒，人们至今心有余悸，我们也才经历了新冠病毒感染疫情。专家猜测，这均与人类"野食"有关。"野食"表面上是一种食物和口味选择——"野味"，但其实关涉人类整个的历史发展。众所周知，人类生存之首要在于寻找食物以"果腹"，这种需求表现为人类的生物性。人类历史的最初阶段是采集—狩猎，说明猎捕、食用野生动物曾经是人类生存和生计的一种普遍方式。但是，人类在采集—狩猎阶段保持着"生命一体化"的历史形态，即大自然的所有生命都是平等的，人类的生理需求与食物获取建立在一种平衡友好的机制上。如果这一平衡友好机制遭到破坏，人类将会受到惩罚，生活、生计也就难以为继。这是自然对人类的忠告和规训。人类社会在饮食经验中确立了食与禁食、吃与不吃的基本伦常，如果伦常受到破坏，人类将受到惩罚，这是社会规约①。

人类称"新冠"为病毒，认为是一场前所未有的人类危机。但实际上，对于地球和地球上的其他与我们一起并行繁衍生息的生命来说，人类何尝不是一种病毒呢？而且对于它们来说，或许我们比病毒的破坏性更加巨大且迅速。而地球这个巨大的免疫系统为了保护自己，启动了自我保护和免疫机制，和人类相抗衡。所以，"野食野味，是饮食安全的红线"。

三、一件衣服停止使用之前平均穿着次数是几次？

一件衣服平均穿着多少次？是100次、10次、1次，还是0次？有研究表明，2000—2015年以来服装销售量增长，但服装使用效率下降。一些"Z时代"的孩子（指1995年至2009年出生的一代人），他们觉得有必要不断购买新衣服。

问"为什么（你买的衣服）只穿一次？"。他们答："不止一次地穿同一件衣服被视为时尚犯罪，我穿着它们拍照，然后发布在社交媒体上，我不想让别人看到我不止一次地穿同一件衣服，总是穿同一件衣服，并不时尚。""风格是要根据我所处的场合、不同的活动做出改变的。"

他们不是唯一这么想的一类人。曾有调查显示，三分之一的英国年轻女性，认为穿过1—2次的衣服就是旧衣服了。英国一家慈善机构Barnardo's开展的一次调查显示，英国人花费27亿英镑购买了5000万套夏季服装，这些服装只在假期、节日或婚礼等活动中穿一次。这是对资源的极大浪费。

再看盲盒，盲盒是以随机抽选为主要特征的一种销售模式。盲盒文化源于美国，兴于日本。所谓盲盒，顾名思义，就是盒子里装着款式多样的可爱玩偶手办，但盒子上并没有标注具体是哪一款，其以限定款的饥饿营销方式，极大激发了消费者的购买欲和复购欲。心理学研究表明，不确定的刺激会加强重复决策，因此一时间盲盒成了让人上瘾的存在。

2021年1月26日，中国消费者协会官方网站发布消费提示指出，有经营者用盲盒清库存，损害消费者合法权益，扰乱市场，提醒广大消费者勿盲目购买②。2021年2月10日，《经济参考报》发文提醒："盲盒经济"消费热潮滋生投机隐患，业内提示理性消费，新业态市场有待规范透明③。2021年3月9日，《北京晚报》发文

---

① 彭兆荣."野食"：饮食安全的红线[J].北方民族大学学报,2020(3):71-78.
② 上海消保委：加强盲盒市场监管力度，严厉打击假冒伪劣、做市商行为[EB/OL].(2021-01-28)[2021-01-29].http://finance.ce.cn/stock/gsgdbd/202101/28/t20210128_36269994.shtml.
③ 张璐,唐弢."盲盒经济"：消费热潮滋生投机隐患 业内提示理性消费,新业态市场有待规范透明[N/OL].经济参考报,2021-02-10[2021-02-13].http://www.jjckb.cn/2021-02/10/c_139734431.htm.

提醒：文具盲盒，带有一定的趣味性，但也容易令身心发育尚不成熟的学生们沉迷，有可能激起攀比之心，甚至诱导孩子频繁购买。学校和家长也应该加强对孩子消费观的教育，及时把学生们从花里胡哨的盲盒猜想中唤回[1]。2022年1月12日，中国消费者协会发文，肯德基与盲盒销售商泡泡玛特联合推出的"DIMOO联名款盲盒套餐"，肯德基作为食品经营者，利用限量款盲盒销售手段，诱导并纵容消费者不理性超量购买食品套餐，有悖公序良俗和法律精神[2]。

越来越多的展览把主题设定为通过艺术应对环境挑战，但是举办一场庞大的展览可能本身就对生态产生了负面影响。威尼斯建筑双年展堪称国际上展示当代艺术的最高展会，于1895年首次举行，具有百年历史。每次的威尼斯建筑双年展都遗留下堆积如山的垃圾，其中不乏很多呼吁保护生态的艺术家留下的垃圾。所以，"资源浪费，是环境安全的红线"。

四、你生活在拥挤中吗？

城市的高楼林立，医院的人满为患，以及上下班高峰的景象，是我们司空见惯的现象。

纵观人类历史，人类的生存发展与生态环境之间的冲突始终相伴相生，只是随着农业普及、工业革命以及人口增长而逐渐凸显出来。尤其是近几十年伴随着消费主义文化盛行，经济发展与环境冲突加剧，以及资源分配、社会公平等问题，使得环境、社会、经济的可持续发展成为全球关注的焦点以及人类共同面对的挑战。我们从"空旷的世界"来到了"拥挤的世界"。

有研究表明，到2050年，每天将有18万人流向城市，预计全球人口的75%将生活在城市中。这一集中度使城市成为造成总体污染和二氧化碳排放水平超标的主要因素，但也提供了实施变革的机会。正如伦敦政治经济学院、伦敦城市学院里奇·伯特特教授说："如果使城市更高效，那么世界将更可持续。"

吴志强在研究世界城镇化现象时指出（2020年SORSA论坛），从国际经验来看，各国在迈入50%城镇化率时往往会经历一段低谷期并伴随着城市问题的出现。如英国自1851年城镇化率达到50%左右，当时经历了严重的环境污染，伦敦成为令人兴叹的"雾都"，马克思深刻批判了那时的英国资本主义；德国在1893年迈入这个城镇化率节点，并以粗制滥造和抄袭模仿的"德国生产"及其产品而闻名；美国在1918年城镇化率达到50%的前几年，刚历经了旧金山的地震，在纽约还发生了制衣工厂烧死146位女工的惨剧；日本在

---

[1] 殷呈悦.要引导孩子从"文具盲盒"抽身[N/OL].北京晚报，2021-03-09[2021-03-16].https://bjrbdzb.bjd.com.cn/bjwb/mobile/2021/20210309/20210309_017/content_20210309_017_3.htm.
[2] 谢艺观.中消协评肯德基盲盒：有悖公序良俗和法律精神[EB/OL].(2022-01-12)[2022-01-12].https://m.gmw.cn/2022-01/12/content_1302759681.htm.

1953年实现城镇化率达到50%，却因重化工业导致的污染问题创造了诸如"四日市哮喘"这样的公害病。他同时认为，我国需要通过"智力"创造来避免城镇化迈入人均GDP固化在一定水平（人均1万~1.8万美元）上不去的"中等收入陷阱"[1]。

中国国家统计局发布报告显示，2011年，我国的城镇化率突破50%，这意味着全国已有约一半的人口居住和工作在城市。2019年，我国的城镇化率达到60%，意味着我国有超过8亿的城镇人口。可见，我国的城镇化进程已经走完其前半段。在接下来的后半程中，中国城市发展面对的关键问题和工作重心都将迎来新的变化和挑战。

2011年以来，我们最显著体会到的一些"城市病"离不开空气污染（雾霾）、房价上涨和交通拥堵，尽管不能将之与城镇化率进行简单的挂钩，但要解决和应对这些问题显然需要新的城镇化和现代化途径与策略。2014年，习近平总书记考察河南时，正式使用"新常态"一词来表述中国经济所处的新阶段，即中国经济在改革开放后实现了三十多年举世瞩目的高速增长，与之伴随的是急剧迅猛的城市空间增长与扩张，但当下的经济增速已经开始放缓，经济的发展模式与增长方式开始转向用发展促增长、用社会全面发展来替代单一的GDP增长、用价值机制取代价格机制作为市场核心机制等新方向。2019年年底至2020年暴发的新冠病毒感染疫情在全球蔓延开来，也由此引发了有关公共卫生和公共健康、城乡规划的思考[2]。

地球正在发生什么？气候变化和全球变暖、极地冰盖融化、陆地和海洋中毒药越来越多、蜜蜂面临灭绝、化学鸡尾酒、生物多样性受到严重威胁、30%的耕地或多或少无用、饮用水源的污染、海洋变得更酸、雨林遭到破坏、资源枯竭、食品价格上涨、欧美国家社会动荡、金融危机等等。

2021年8月发布的"IPCC第六次评估报告"提到：人类活动致使气候以前所未有的速度变暖。未来20年的平均温度预计将达到或超过1.5℃，在考虑所有排放情景下，至少到本世纪中叶，全球地表温度将继续升高，除非在未来几十年内大幅减少二氧化碳和其他温室气体排放，否则21世纪将超过1.5℃和2℃。总之，极有可能导致各种灾难性极端气候事件频发，全球冰川持续融化，海平面持续上升，对人类经济社会发展产生了极大危害。从图4-3可以直观地看出，1957—2015年地球上垃圾的含量大幅度上涨。

---

[1] 从8亿农民到8亿城市人，下一程怎么走[EB/OE].(2020-04-17)[2020-04-19].https://www.workercn.cn/253/202004/17/200417101438630.shtml.
[2] 唐燕.新冠肺炎疫情防控中的社区治理挑战应对：基于城乡规划与公共卫生视角[J].南京社会科学,2020(3):8-14,27.

图4-3 1957—2015年地球上垃圾的含量大幅度上涨

有研究表明，目前1个地球承载了约1.7个地球的重量，并且我们一直在透支地球。

所以，"地球超载，是环境安全的红线"。

第二节 自然与人为的较量

一、天地人和、生生不息

中华文明"天地人和、生生不息"的思想，建构出大自然的生态环境。彭兆荣教授认为"生生"即"日月（易）"，乃天造地设。包含所列基本之"五生"，分别是：

第一，生生不息，恒常自然。生，指生长，孳息不绝，进进不已。后世言生生不已，本此。孔颖达①解释为："生生，不绝之辞。"指喻生态自然。

第二，生境变化，生命常青。"生生"，第一个"生"是动词，意为保育，第二个"生"是名词，意为生命。"生""性""命"等在古文字和古文献中，其的演变是同根脉的。指喻生命常态。

第三，生育传承，养生与摄生。《公羊传·庄公三十二年》写道："鲁一生一及，君已知之矣。"父死子继曰生，兄死弟继曰及，即指代际间的遗产传承，又有通过养生而摄生，即获得生命的延长。指喻生养常伦。

第四，生产万物，地母后土。"生"之生产是其本义，而"身"则是生产的具身体现。"身"与"孕"本同源，后分化。身的甲骨文字形，如母亲怀胎生子。地母后土，指喻生产万物。

第五，生业交通，殖货通达。《汉书·匈奴传》写道："其俗，宽则随畜田猎禽兽为生业，急则人习战功以侵伐，其天性也。""生业"即职业、产业、行业等意思，包含古代所称的"殖"（殖货）。指喻生业通畅。

"生生"内涵丰富且深邃。首先，"生生"强调所有生命形式的平等和尊严，而

---

① 孔颖达，唐代经学家，冀州衡水（今属河北）人。

非人与生态"你死我活"的拼斗。在"生生"体制中，人并未上升到"宇宙之精华、万物之灵长"的高度，而是将宇宙万物的生成和生长置于自然规律（道）的生养关系之中。"生生"概念除了表明"孳息不绝，进进不已"的意思外，也包含着"五生"的纽带关联。（图4-4）

根据自然生态孕育生命，生命需要生养，生养依靠生计，生计造成生业这一基本关系，形成"生生不息"的闭合系统，即"五生"的所属因素相互契合，它们之间形成了关联性互动关系。（图4-5）

"天地人"贯穿于中国人的伦理日常之中，培育了自然和谐的精神，造就了我国传统社会"生生不息"的"五生"图景。具体而言，人居环境都是由天、地、人共同作用的结果。天，由经度、纬度以及海拔高度三维坐标系决定的某场所的空间位置，以及该空间位置所具有的天象变化与气候特征等。地，由天所决定的某场地的具体地形地貌、地理位置、山川河流、自然物产等。天地综合构成了"五生"之生态，呈现了生态孕育"人"的逻辑关系。人，在由天、地所形成的自然环境中进行适应自然、改造自然的活动和主体[①]。在人对自然的实践中，形成"五生"之生态、生命、生养、生计和生业。（图4-6[②]）

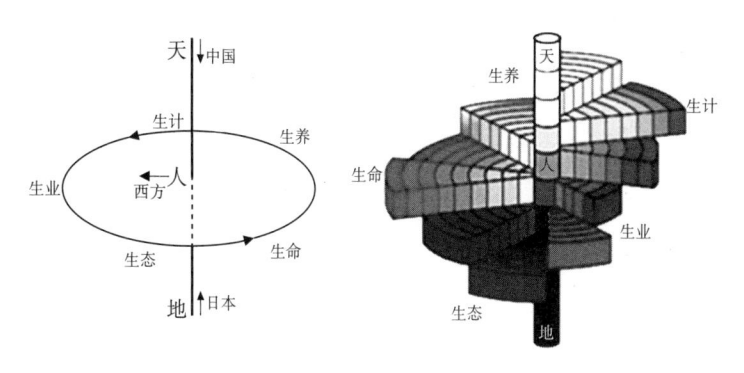

图4-4　"天地人"与"五生"构造主圭图

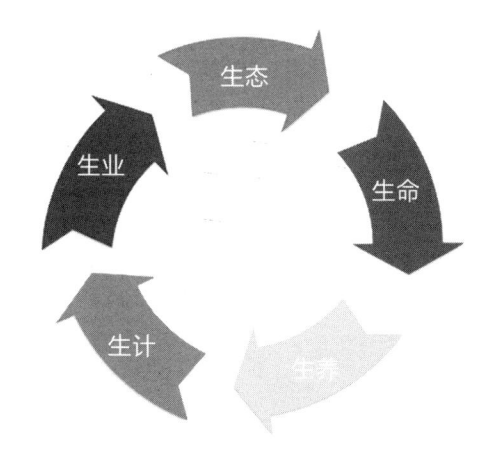

图4-5　"生生不息"连带关系图

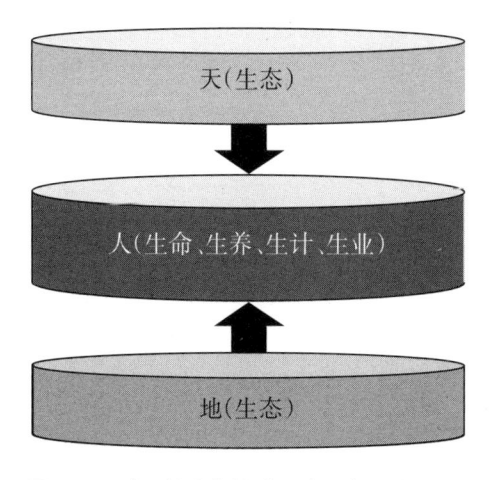

图4-6　"天地人"构成要素及相互关系图

[①] 李树华."天地人三才之道"在风景园林建设实践中的指导作用探解——基于"天地人三才之道"的风景园林设计论研究（一）[J].中国园林，2011(6)：33-37.
[②] 图4-4至图4-6来源：彭兆荣.天造地设：乡村景观村落模型[M].北京：中国社会科学出版社，2020：4-5.图有修改。

彭兆荣教授认为，中华文明概其要者，"天人合一"；"天—地—人"成就一个整体，相互依存。其中，"天"为至上者。这是中华文化区隔"西洋""东洋"之要义。西式"以人为本"，以人为大、为上。东瀛以地、海为实，虽有天皇之名，实罕有"天"之文化主干。中华文明较之完全不同。"天地人"一体，天（自然）为上、为轴心。"天"化作宇宙观、时空观、历书纪、节气制等，融于农耕文明之细末。古时凡有重要的事务皆由天决定，形同"巫"的演示形态。中华文明之大者、要者皆服从天——自然。"天"，空（空间）也。"地"者，从时（时间）也。"天地"之谐者，人和。中国传统文化可概括为"天地人和"。《周易·系辞上》："生生之谓易，成象之谓乾，效法之谓坤，极数知来之谓占，通变之谓事，阴阳不测之谓神。"合意"生生不息"。日月为"易"，它也是"易"的本义。日月的永恒道理存在于"通变"之中。"生生不息"乃天道永恒，若天象瞬息万变。由是，"生生"即"日月（易）"，乃天造地设。所以，天地人和、圆通完美，万物方能生生不息。

二、人该为自然界立法吗？

在18世纪启蒙运动中，德国哲学家康德提出"人为自然界立法"的唯心主义观点。这一观点认为人确立了自然界的规律和法则，否认自然界本身存在的客观规律性。辩证唯物主义认为，规律是事物发展过程中本身所固有的、本质的、必然的、稳定的联系。规律是客观的，不以人的意志为转移。自然界有其自身发展的规律，人们可以认识规律，以推动事物的发展。人可以在尊重规律的前提下充分发挥主观能动性，使自然界为人类造福，但不能任意创造或消灭客观规律。所以，唯物论者认为人们不能创造出一套法则强加给自然界。康德的这一观点片面夸大人类的主观能动作用，否认规律的客观性，最终必将受到客观规律的惩罚。

我们在"天"造"地"设章节讲到过关于"遵天时、循地利、谋人和、则事成"的古代行事思想，遵循天时、地利对保障古人生产、生活资料的持续利用起着至关重要的作用。我们从古代的政治家、哲学家、农学家、文学家的相关论述中均可以找到以上观点，其中还强调了古人如何利用大自然的客观规律来协调人类生产实践活动与自然资源利用之间的关系。历朝历代的统治者还制定了严格的政策政令、法律法规来维持自然资源的永续开发利用。如"禹之禁"，这应该是中国历史上第一个关于保护自然资源与生态环境的禁令，始于夏朝，一直延续到春秋战国时期，它将各种农事活动与自然资源的合理利用结合在一起，制定出"时禁"。《逸周书》中记载："旦闻禹之禁：春三月山林不登斧，以成草木之长；夏三月川泽不入网罟，以成鱼鳖之长。"[1]其意是说，大禹的禁令：春季三个月，不准进山林用斧子砍伐林木，以成就草木的生长；夏季三个月，不准在江河湖泊中下网捕鱼，以

---

[1] 黄怀信.逸周书校补注译[M].西安:西北大学出版社,1996:207.

成就鱼鳖的生长。"禹之禁"的记载表达出古人在想方设法满足自身物质需求的同时,亦注重兼顾万事万物的自然本性和生长规律。天地人和,方能生生不息。如"禹之禁"所说:"则有生而不失其宜,万物不失其性,人不失其事,天不失其时,以成万材。"①意思是说,要明确并尊重万事万物的生存规律,要使它们能够顺其自然地生长繁殖。人能够各尽其职,并不违背天时之利,才能实现天下万物的使用价值。

先秦时期,由"禹之禁"发展出"四时之禁",这是先秦时期最具代表性、最为完整,也是中国古代影响最为长久的环境保护法律规范,集中记载于《吕氏春秋》《淮南子》《礼记》等历史文献中,并为后世朝代所重视。"四时之禁"以"礼"的形式来表现古代中国的环境保护思想,其核心思想是"法天时,兴地利,导人和",体现了"不夭其生,不绝其长""养之有道,取之有时""取之有道,用之有节"的基本原则。《礼记·孔子闲居》写道:"天有四时,春秋冬夏。""四时之禁"遵循的就是"春生夏长秋收冬藏"的农业生产规律和资源可持续利用的思想,并在其中贯穿着"以时禁发"的原则。《淮南子·本经训》写道:"四时者,春生夏长,秋收冬藏,取予有节,出入有时,开阖张歙,不失其叙,喜怒刚柔,不离其理。"说的是"四时之禁"把气候的变化规律和动植物的生长规律转化为人的行为规范,以实现自然资源可持续利用的目的。因此,"禹之禁"以及"四时之禁"甚至可以看作是现代"可持续发展"理念的滥觞②。

西周时期,为了更有效地保护自然资源,统治者还专门设置了掌管"时禁"的官职,以达到有序开发、合理利用资源的目的。如"山虞"(亦称"山人")一职就是专职掌管山林的官员。《周礼·地官司徒第二·山虞》记载:"山虞掌山林之政令,物为之厉,而为之守禁。仲冬斩阳木,仲夏斩阴木。凡服耜,斩季材,以时入之。"③《管子·八观》说:"山林虽广,草木虽美,禁发必有时。"④《孟子·梁惠王上》谓:"不违农时,谷不可胜食也;数罟不入洿池,鱼鳖不可胜食也;斧斤以时入山林,材木不可胜用也。谷与鱼鳖不可胜食,材木不可胜用,是使民养生丧死无憾也。"⑤《荀子·王制》曰:"群道当,则万物皆得其宜,六畜皆得其长,群生皆得其命。"⑥这些文字说的都是要从自然资源的可持续利用出发,遵从天时、顺应自然,以此安排人事,有时、有度地开采资源,而非无节制地肆意妄为,如此,百姓方可安居乐业、生活富足⑦。

---

① 黄怀信.逸周书校补注译[M].西安:西北大学出版社,1996:207.
② 姜美英.中国古代法律典籍中的环境保护问题探析[EB/OL].(2023-04-07)[2023-04-19].https://www.chinacourt.org/article/detail/2023/04/id/7230409.shtml.
③ 杨天宇.周礼译注[M].上海:上海古籍出版社,2016:321-322.
④ 谢浩范,朱迎平.管子全译[M].贵阳:贵州人民出版社,2009:159.
⑤ 金良年.孟子译注[M].上海:上海古籍出版社,2004:5.
⑥ 荀况.荀子全译[M].蒋南华,罗书勤,杨寒清,注译.贵阳:贵州人民出版社,2009:135.
⑦ 陈高明.和实生物——从"三才观"探视中国古代系统设计思想[D].天津:天津大学,2011:127.

综上，我们从西方的唯物主义和中国传统文化中都可以得出"人为自然界立法"这一观点是有待斟酌的。

第三节 设计的公平性

一、为不发达国家的设计[①]

普利兹克建筑奖是世界上最富指标意义的建筑奖项。它第一次颁给了非洲设计师——迪埃贝多·弗朗西斯·凯雷。

数百年以来，欧洲殖民者划定了非洲大陆的政体边界，让西方制度传播到这片土地的几乎每一个角落之后，非洲"被动地"推动了从新大陆开发到现代艺术革命在内的一次次浪潮，西方人却不曾真正为非洲的现代化找到一条出路。相反，它看起来还是"原始"的，已经深入人心的"现代"观念和普遍贫穷的现实构成了深重的冲突。

凯雷于1965年出生于西非的一个内陆小国，在联合国的名单中，他的祖国名列世界上最为不发达的国度之一。1985年，凯雷获得了一笔奖学金前往德国学习，他晚间攻读中学课程，白天学习如何制作屋顶和家具，这实际上也大大地帮助了他，让他成为一名能在非洲落地工作的建筑师。2004年，凯雷将近四十岁，才在柏林工业大学获得了建筑学高级学位。

二十多年来，凯雷在不同项目的语境里持续丰富着一套属于本地的建筑语汇：自然通风、双层屋顶、热交换能力、高耸的通风塔和遮阳手法，以上，本身就构成了他的建筑造型特色。凯雷的作品还提醒我们，为了保障能为地球上数十亿的居民提供足够的建筑和基础设施，改变不可持续的生产和消费模式势在必行。面对不断演进的技术革新及建筑使用和再利用的议题，他直指问题核心，提出关于建筑持久性与耐用性的意义所在。下面我们来了解一下凯雷的作品。

首先，我们来看甘多小学，据凯雷本人在TED中所说，他克服了种种困难筹集到了5万美元，在他家乡的甘多市建造了一所小学。他把这个好消息告诉族人，却招来了广泛的质疑，原因在于族人不理解这个留洋归来的人还是采用当地用黏土建造的传统方法建造建筑。

在非洲大陆，尤其是那些欠发达地区，黏土房屋的建造方式非常简陋。大多数黏土房屋都是容积有限的茅草小屋。甘多小学的教室要容纳多达一百多名学生，如果选用第三世界随处可见的水泥标准构造，当然比黏土房屋坚固。但在酷热的西非气候中，这个"闷罐子"的通风和采光都成问题，而且对本地人来说也不便宜。这一点提醒了在地球另一边的建筑师，这个世界上还有很多人，直到今天甚至用不起在我们看来已经很廉价的工业化建筑材料，这个国家的很多地方甚至还无电力可用。凯雷所考虑的建筑技术只能是被动式的——也就是自然通风，利用建筑材料和设计做到降温，而不是一味依赖通风、供暖和空调设备。

[①] 本小节内容参见"中装协设计分会：2022普利兹克建筑奖，第一次颁给了非洲建筑师"。

早在筹建小学的初始，他便在德国建立了"筹建甘多学校"基金会。后来正式更名的凯雷基金会，不仅旨在筹集项目款项，而且还在倡导一种自下而上的建筑观念，使用者将有机会参与建筑营造，从头至尾是"为自己设计"。建筑师号召村民参与本土材料的革新，利用当地已有的材料，同时把这一切纳入现代的工程组织理念——后者也是对于社会创新的推动。技术和在地性并非两个不同的议题——技术不仅要先进，还得适应本地的地理条件和资源特色，两者都是具体的社会条件。

后来，在"莱奥医生之家"（2019）项目里，凯雷对于土砖压缩稳定砌筑的工艺已得心应手，在建筑外表涂覆石膏，增强隔热效果、变得更美观的同时，也能减缓土砖外表面的风化。

凯雷自问："我们怎样才能带走太阳的热量，同时又能充分利用光线呢？"从甘多小学到莫桑比克的本加河畔学校（2018）的设计中，甚少见标准门窗，建筑师利用木百叶和当地盛产的陶罐等，形成了一些更富于变化的开口。这些开口要么有着较大的进深，要么建筑外围有着额外的遮阳和防雨措施，这样，内部就可以有足够的漫反射光线，又不会苦于太阳直射卷来的热浪了。

凯雷的作品并没有照抄欧洲的教科书，不是任何形式的翻版。相反，是凯雷在柏林早年学会的现代体系，带来了创新的效果，用廉价的波纹板和工业型材支起的宽大屋顶，保证热空气可以从侧上方排出，也让建筑的侧面围护和屋顶的交接变得更容易，这种不全密封，且只能因势利导的建筑会显得过于简陋，在炎热的非洲，对身处炙地中无所荫蔽的人而言却已是种福利。

在马里国家公园（2010），他更新改造了八座原有设施，建造了更阔大的悬挑屋顶，它们自然形成的被动冷却系统，补益了有空调的建筑物封闭的屋顶系统。在布基纳法索人口最稠密的城市之一——库杜古，他设计的中学Lycée Schorge（2016）同样使用了架空悬挑的屋顶，同时，还把多余的热量通过顶部通风塔排出。在狮子初创园区（2021）的设计里，是本地白蚁群"建造"的朵朵土丘启发了建筑师，这种高耸的通风塔既有利于冷热空气的对流，又融入了遮阳树木环绕的坡地景观，成为当地的显著地标。在以上项目中，甘多小学村民自制的泥坯砖，也升级为具有更高蓄热能力的红土石制成的砖块，或者当地采石场开采的石头，目的还是在于尽可能地减少空调的使用。

每一种权宜之计的成功都是针对特定的技术、社会语境的。现代建筑师可能觉得这样的设计不太正式、不太"高级"，但是它带来的是从无到有的"进步"，践行了凯雷回馈和服务社区的誓约，带来了积极有意义的一连串变化。甘多小学项目自2001年建成以来，学校的学生人数增加了近6倍，之后又成功地建设了教师住房（2004）、扩展部分（2008）和图书馆（2019）。那些可使外墙免受雨水侵袭的阔大屋顶，桉木格栅墙，高低错落的窗格，以及被散射光线映亮的内部，不仅具有实际功能，也散布着神秘气息，构成了世人心目中的一种当代非洲景观。作为社会活动家的凯雷同时确立了他作为一名教育家和建筑师的地位，他也因此走向了世界。

凯雷以更大规模的项目走向真正的社区建造。回到非洲，他的项目中不管是空间组织方式，还是功能组合、社会功能设定，甚至景观系统的营造，都构成了完整的、内向的生态系统。它们往往以模块化的方式，呈放射状内倾排列，围合成可供表演、庆典、聚会、治疗、教育等不同使用方式的活的社区空间。在建造歌剧村建筑群中的医疗与社会福利中心（2014）时，规划了三个相连的单元，分别提供妇产科、牙科和全科服务，其间穿插着由遮阴的庭院组成的等候区。

凯雷的作品还提醒我们，为了保障能为地球上数十亿的居民提供足够的建筑和基础设施，改变不可持续的生产和消费模式势在必行。面对不断演进的技术革新及建筑使用和再利用的议题，他直指问题核心，提出关于建筑持久性与耐用性的意义所在。同时，评委会也提醒大家，建筑师是如何取得迄今为止的成功的，建筑不止于政治呼吁，"他向我们展示了当今的建筑是如何反映和服务于世界各地人民的需求，其中也包括审美需求"。

帕帕奈克在《为真实的世界设计：人类生态与社会变革》一书中，用一个三角形图示（图4-7[①]）表示整个世界的设计现状。如果用整个三角形代表包括南美洲和中美洲在内的几乎所有的地区，这些地区的财富绝大部分都集中在一小部分"缺席的地主"手中。在这里，"缺席的地主"代表西方财团。这些人中有许多从来没有去过南美国家，但他们却对其进行了有效的"管理"和开发。设计成了一个小圈子的奢侈品，这个小圈子包括所有国家的技术、金融和文化"精英"。而生活在印度大陆90%以上的人们既没有生产工具也没有睡觉的床，他们没有学校也没有医院。正是这一大群贫困而又被剥夺了真实需求的人代表了我们这个三角形的底座。当然，这同样也说明了非洲、南亚和中东地区的真实情况，这个世界上的许多人并没有受惠于设计师。那些想在整个三角形中做出点成绩来的设计师，常常发现他们被说成是"为少数人设计"。这种指控是完全错误的。这反映了这种职业运转中的误会和错误认识，对这些错误认识的本质必须加以反思。世界上75%的人生活在贫穷、饥饿中，这些人显然需要我们的设计机构在其紧张的时间表上为之挤出更多的时间[②]。

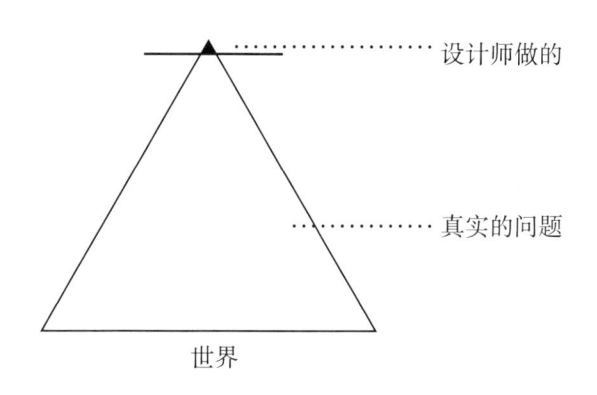

图4-7 世界的设计现状

[①] 图4-7来源：帕帕奈克.为真实的世界设计：人类生态与社会变革[M].周博，译.北京：北京日报出版社，2020：131.
[②] 帕帕奈克.为真实的世界设计：人类生态与社会变革[M].周博，译.北京：北京日报出版社，2020：130-134.

二、双轨并行：乡村建设中的"自上而下"与"自下而上"

人类的生存与自然环境相适应，人类的生计与劳作方式相配合，人类的生活与社会关系相协调，这些决定了文明的差异与多样。游牧文明选择移动的居住方式，农耕文明决定稳定的居住方式。根本原因在于与土地捆绑在一起。离开土地就是离开家乡，这就是以农耕为主体的传统。中华文明以农耕文明彪炳于世，费孝通认为中国最本质的东西是"乡土"，中国乡土社区的单位是村落，乡土社会是传统农耕文明最具代表性的社会形态。可见费孝通以"乡土"概括中国。若要定位、定义"中国"，便要从乡土入手。诚如梁漱溟所云："中国这个国家，仿佛是集家而成乡，集乡而成国。"所以要"从乡入手"。在中国，农村是根。费孝通以他的家乡吴江开弦弓村为例，表明亦耕亦读、亦商亦儒的传统从来不缺乏创造力，从来不缺乏从乡土性中发挥经济领域的拓展基因和动因。云南和顺的居民原是明朝戍边的将士，"再地化"后，为适应生态、生计、生活之需，转化为农民、商人和儒士，将和顺发展成为我国著名的侨乡、茶马古道重镇、丝绸之路的必经之地。

随着中国经济的快速发展，改革开放以来，我国的城市历经了一个迅猛发展的阶段。自1990年起，城市的扩张、城镇化进程使得大量人力、物力、财力等向城市聚集，同时，也拉开了城乡之间的距离。如何平衡城乡建设的差距、统筹城乡发展，成为我国不得不面对的难题。对此，我国相继提出"建设社会主义新农村""建设美丽乡村"等目标，并付诸实践。城镇化是我国的"权力性善意工程"，但是，在执行过程中，大多只停留在改善乡村居住条件、完善乡村公共设施、维护道路交通设施及基础设施等方面，且以统一的规划标准和建设手段进行乡村建设。一张图纸不断复制的过程，使得中国的美丽乡村同质性非常高。由于执行过程中，主体没有对体现乡村历史空间形态的地域乡土文化价值进行充分的研究和认识，乡村传统格局没有得到尊重，造成我国社会文化、生态环境、历史风貌及传统习俗等诸多方面的损失。项目工程对历史的遗留具有"全覆盖"之虞、"破旧立新"之嫌。早在20世纪20年代末30年代初，中国的乡村建设运动就已进入了高潮，其中以梁漱溟领导的山东邹平和晏阳初领导的河北定县两个实验区影响最大。梁漱溟曾说过：中国乡村是不断被破坏的。

费孝通指出中国五千年来一直与泥土打交道，对于中国这一拥有丰富农耕文化的多民族国家来讲，泥土是乡人的生命，中国人在泥土中形成了许许多多的优秀品质，中华民族因泥土而辉煌。如今，这种泥土性逐渐消失，由泥土性衍生的乡土环境也被围上了钢筋混凝土的藩篱。设计师和规划师该如何改变乡村建设的同质化现象呢？

中国长期以来是一个农业国，中国的传统文化，本质上是乡土文化、农耕文化。费孝通晚年提出"文化自觉"，即要"形成乡村文化的自觉"。"乡土中国"孕育了一个完整的文化生态场，它是在相对封闭的"乡土"环境下，形成的完整、自足、融洽的文化生态空间。中国乡村绝非散漫无序，而是一个有着"活的"灵魂的自成体系的生命体。在"现代"到来之前，传统乡村之所以能存活数千年，必定有它生命的根系和脉络[1]。

费孝通在分析中国传统政治结构时说到以下四点：第一，中国传统政治结构是有着中央集权和地方自治的两层。第二，中央所做的事是极有限的，地方上的公益不受中央的干涉，由自治团体管理。第三，表面上，我们只看见自上而下的政治轨道执行政令，但是事实上，一道政令和人民接触时，在差人和乡约的特殊机构中，转入了自下而上的政治轨道，这轨道并不在政府之内，但是其效力却是很大的，就是中国政治中极重要的人物——绅士。绅士可以从一切社会关系，如亲戚、同乡、同年等等，把压力渗透到上层，甚至一直可以到皇帝本人。第四，自治团体是在当地人民具体需要中生发的，而且享受着地方人民所授予的权力，不受中央干涉[2]。政治绝不能只在自上而下的单轨上运行。一个健全的、能持久的政治必须采用上通下达、来还自如的双轨形式。要维护政治机构的健全，我们必须加强双轨中的自下而上的那一道[3]。

费孝通先生对中国传统政治结构的解析同样也适用于目前的乡村建设，新农村建设、美丽乡村建设等都是我国政府自而下的"权力性善意工程"，政策下达后，有关部门有必要对乡土社会做细致的调查，充分听取乡土家园主人的意见，转入自下而上的政治轨道。彭兆荣教授编列了乡土"名录"，包含14个要素，分别是天象、环境、五行、农业、政治、宗族、农时、性别、审美、宗教、规约、非遗、区域、旅游，供设计师和研究者到广大的农村进行田野作业，到乡土的"原景"中去调查、去发现根植于传统的乡土要素[4]。

天象：确立天为主轴的天人合一的宇宙观、价值实践观。包含天象、时空认知、二十四节气、天气因素。

环境：乡土社会中适应自然所形成的景观原理和要件。包含山川河流、村落选址、农作物、植物等。

五行：金、木、水、火、土在乡土景观中的经验和构成因素。包含阴阳、五行、风水、宅址、墓葬等。

农业：传统的农业耕作、生产、农业技术、土地因素。包含农作、家具、耕地、灌溉、农业节庆。

政治：乡土社会与政治景观有关的遗留、事件、形制。包含组织、广场道路、乡规民约、纪念碑等。

宗族：村落景观中宗族力量、宗族构件，如宗祠遗留。包含宗祠、祖宅、继嗣、族产、符号等。

农时：农耕文明的季节、地理、土地仪典等景观存续。包含时序节庆、农事活动、作物兼种等。

性别：男女性别在生活、生产和生计中的分工和协作。包含男女分工、男耕女织、女工、内外差异。

---

[1] 徐国源.民间审美与"乡土的逻辑"[J].南京社会科学,2020(4):123-128,135.
[2] 费孝通.乡土中国 生育制度 乡土重建[M].北京:商务印书馆,2017:383-384.
[3] 费孝通.乡土中国 生育制度 乡土重建[M].北京:商务印书馆,2017:392.
[4] 彭兆荣.生生不息:乡土景观模型的建构性探索[J].思想战线,2018,44(1):138-147.

审美：乡土景观中所遗留的建筑、遗址、器物、符号。包含教育制度、建筑、服饰、视觉艺术等。

宗教：民间信仰、地方宗教、民族宗教的遗留景观等。包含儒、释、道及地方民间宗教信仰和活动。

规约：传统村落的乡规民约及村落自然法的管理系统。包含自然法、村规碑文、习惯法、家族规矩。

非遗：各种活态非遗、医药、生活技艺、村落博物馆。包含金、银、石、木、绘、刻、绣、染等。

区域：村落与村落之间以及区域经济协作的社会活动。包含集市、庙会、戏台等村落间合作与协作。

旅游：大众旅游与乡民、传统村落景观之间的协调关系。包含乡村客栈、旅游商品以及城市化倾向等。

按照此名录，我们依照"自上而下"与"自下而上"双轨并行的原则，从乡土社会的特征中找出乡土社会正在丢失的合理价值，找到维系乡村持续运转的"灵魂"，希望乡村能按照尊重地方的原则去建设，以优化现代社会的道德真诚的生存环境。

三、空间正义、人人共享

我们知道对于正义的追求和讨论可以追溯到古代雅典的城邦时代，西方的正义理论演变从柏拉图和亚里士多德开始，经过近代的洛克和边沁等，再到当代罗尔斯的正义理论及其论辩，理论不断丰富。但是对于正义的空间性，却在很长时期内未被直接讨论过。20世纪60年代，西方国家出现了严重的城市危机。空间剥夺、空间隔离和贫民窟等城市空间问题引起了学者的关注和反思。带来不公平的冲突之一便是城市中的弱势群体资源分配不均，那么设计是否能介入并给予帮助呢？

其实在现代城市中，设计已经在介入这个问题了，最常见的便是城市空间中对于残障人士的"特殊"照顾，比如景区的无障碍通道设计、电梯里的盲文、人行道上的盲道，还有地铁里的轮椅专用区，等等。但是在城市中依然很少看见这些人群，其原因可能是设计的表达形式和后期维护出现了问题。电梯上有盲文不假，但是大部分电梯听不见播报楼层的语音，盲道也经常出现无故占用或者无故断开的现象。城市里有很多无障碍通道，但是我们会看到有些无障碍通道的坡度设置是有问题的，这些问题充斥在城市空间中。这里有一个非常痛心的例子，北京截瘫者之家创办人文军，他的梦想就是带领城市中和他一样需要轮椅出行的人走出家门看到城市的样貌，所以他会自己先去探索一条安全方便的道路。有一次他在大理考察无障碍路线时，由于路面斜度过大并且尽头没有预警突然断崖，他不幸丧生。由此可见，对于残障人士，城市对他们没有那么友好，他们没有办法享受到公平的待遇，甚至有一些人从来没有看过所住城市的全貌。

除此之外，提到弱势群体大家可能还会想到伤病人群、老年人群和儿童，城市中依然有为这些人群进行的针对性设计，但是这类人群享有的城市空间资源并不公平，教育空间资源、休闲空间资源、工作空间资源等都在以看不见的方式被拉开差距，且差距日益加大。一些城市在城市升级更新的过程中出现了城市劳动力市场和社会空间极化，并伴随着阶级、种族冲突和空间士绅化的过程，越来越多的空间不正义现象出现在城市中。但是列斐伏尔认为空间的社会属性不是预先给定的、静止的、一成不变的，而是可以生产出来的，是一个动态的演化过程。针对弱势群体的城市空间资源分配不公的问题也不是静止的、一成不变的，同样是一个动态的演化过程，而在这个过程中，设计有着独特的力量去推进空间正义的演化。

那么设计应该如何推进空间正义的演化呢？控制设计介入的度可能会比较重要。以城市更新的改造设计来说，设计改造空间一味地通过吸引外来人群使得本地得到重生，新的空间使他者成为主人，原住民反而成了最不自在的那一群人，他们在改造后的环境中得不到身份认同，这样的城市更新会降低原住民对原住地栖居的归属感，导致社会进一步的层级分化。南京小西湖街区的设计改造，对于人、空间、资源的平衡关系拿捏得恰到好处。小西湖街区的空间是敞开的，这些串联的设计形成了一个熟人社区的基底，让社区居民有机会打照面，这里几栋老筒子楼被改造成青年公寓，无疑为社区引进了活力人群。开放的连桥和楼梯的设置，使这个难得的人口资源没有成为针对原住民的侵入型负面因素，而是成为给他们的生活带来新能量的好邻居。

城市中弱势群体的资源分配不公问题的确发人深省，设计的介入可能需要着重考虑人的社会属性以及后期维护问题。但是城市空间的不正义现象并不只有弱势群体的资源分配不公，还有在过快的城市化进程中，部分空间出现发展停滞的"不正义"现象，这部分空间游离于现代城市管理之外并且生活水平低下，这就是我们常说的城中村空间。提到城中村，我们的第一反应大都是三个字：脏、乱、差。"握手楼""一线天"，治安混乱，环境脏差，是我们对城中村的固有印象，这里以昆明船房村为例对其空间进行探讨。

船房村位于滇池路与昆明二环交界处这一黄金位置，报道指出，该地区吸引了约十万流动人口居住，使之成为昆明市面积广阔、出租房数量庞大且外来人口密度极高的区域之一。文献资料显示，船房村拥有长达三四百年的历史背景，最初是渔民在前往滇池捕鱼途中沿水而居，以船只为家而得名"船房"。至20世纪90年代初，村内的农业用地已被完全征用，如今仅剩下村民的宅基地和少量公共用地，形成了一个典型的"城中村"现象。如同许多同类社区一样，船房村也是从一个传统自然村落逐步转型而来的现代都市村落。

船房村目前居住着近十万名外来人口，而本村"原住民"仅剩四千余人。尽管许多城中村都经历了类似的转变，成为流动人口的主要聚居地，但船房村的这一数据仍令人感到震惊，可以看出该社区具有极高的人口密度。随着大量租户的涌入，越来越多的本地村民选择搬离，导致生活区域几乎完全转变为生产区域。这种变化促使船房村在物理形态上呈现出垂直化和城市化的特征，标志着它正在加速向城市化进程迈进。村民与土地的分离，使得他们与船房村的联系从具体的物理空间关系转变为了更为抽象的经济联系。船房村凭借其核心地理位置、低廉的房租、周边完善的设施以及村内的低生活成本，成为许多追梦昆明的外来人口眼中的理想选择。在这个村落中，居住空间与经济活动紧密交织，底层多用于商业或生产活动，而上层则用作居住之所。这种上下分层的空间利用方式，是船房村一个显著的空间特点。

湖南的餐饮空间文和友，它本身并不处于城中村，却模拟出一个城中村市井社区空间。在文和友，可以看到各种热闹、市井的生活，也可以看到老长沙的城市韵味与烟火气息。这里不仅勾起了老一辈人对旧时光的回忆，还满足了"80后"和"90后"的复古情结，甚至让"00后"也眼前一亮。文和友的真实感在于它重现了一个完整且已经消失的生活场景，让人难以忘怀。

文和友是怎样一种存在呢？文和友可以被看作一种市井文化的再现，它模仿了城中村的特色，并融入了对地方消失的缅怀以及城市更新的视角。这种设计不仅重现了一个已经消失的生活场所，还唤起了人们对过去熟人社会和谐邻里关系的怀念。在真实的城中村中，这样的场景往往无人关注，而文和友却成功地吸引了大量访客。文和友之所以能够受到欢迎，是因为它触动了人们内心深处对于社区归属感和情感联系的需求。这种需求在现代城市生活中常常被忽视，但正是这种缺失让文和友成为一个独特的存在。它不仅仅是一个商业项目，更是一种对未来空间设计的探索，反映了人们对更加人性化、有温度的城市环境的渴望。

在当前的城中村改造中，资本的介入往往与当地居民及其生活方式脱节，导致新的空间未能与现有的社会结构和传统文化相融合。村民在这种变化中常常被边缘化，成为资本运作的辅助角色。笔者认为，一个充满活力的城市应当是多元化的，能够容纳各种文化和生活方式。通过对船房村和文和友的研究，可以看出人们对于亲密社区关系与和谐邻里生活的渴望。目前的空间规划在情感联系和归属感方面存在不足，这需要我们在未来的城市规划中加以重视。

在探讨城乡空间正义的广阔议题中，城中村无疑是一个极具代表性的缩影。随着城市化的浪潮不断推进，乡村如何在保持自身生态优势和特色文化的同时，实现与城市的融合发展，成为一个亟待解决的问题。下面我们从设计人类学的角度出发，以富民县小木板村民宿的改造设计为例，探讨如何在尊重乡村主体和特色文化的基础上，通过设计缓解城乡空间的不正义现象。

面对城市与乡村日趋同质化的现象，我们不禁要问：这是否真的对村民公平？在城镇化思路的主导下，许多乡村被要求按照城市的模式进行改造，这无疑是对乡村独特性和多样性的忽视。因此，我们提出在尊重乡村主体和特色文化的基础上进行设计的理念，旨在缓解城乡空间的不正义现象，促进城乡的和谐共生。

为了实现这一目标，我们在小木板村民宿的改造设计中采用了人类学的方法，深入了解当地文化和村落结构。通过细致的调研，我们发现当地存在老年人口众多、农村空心化严重、传统文化缺失及在地性逐渐淡化等问题。同时，我们也注意到一些场景在改造过程中可能会失去原有的文化特色，甚至对自然环境造成破坏。

针对这些问题，我们在设计中综合考虑了传统文化、生态环境和人文关怀等多个方面。首先，我们将传统文化元素融入民宿设计中，保留了传统木板房、夯土房的建筑形式，并采用当地红土的材料进行翻新。同时，在庭院中设计了围炉煮茶的空间，让客人能够感受到乡村的乐趣和活力。其次，我们注重将自然环境融入民宿中，保留了周围的山水、树木和小溪，强调自然美景和环保理念。在装饰方面，我们也采用了当地的材质和传统形式，如玻璃廊亭等，使民宿与周围环境和谐相融。最后，我们还特别注重人文关怀，将庭院设计成当地居民与游客的交流场所。通过鼓励当地居民与游客之间的情感交流和技能互享，我们希望能够促进城乡之间的文化交流和相互理解，从而进一步推动城乡融合发展。

综上所述，我们讨论的弱势群体、城中村以及城乡发展的空间正义问题，其根源在于人与空间关系的割裂。我们需要通过人类学的方法介入设计为其提供全新视角。在追求空间正义的背后也隐含着深层议题，即人人共享，它更加注重空间中社会关系的塑造，当下的工作坊、参与式设计以及服务设计等都是对共享理念的体现。在这里我们强调每个人，不论男女老少、残障人士、村民等，不论城市还是乡村，都应该平等地享受社会资源，而设计师，更应该从人与空间的关系角度为社会做设计。

四、为有障碍群体设计

为有障碍群体设计，大家听到这个概念时，想到的肯定是"无障碍设计"，那么"为有障碍群体设计"到底指的是什么呢？

我们知道由于地理环境、文化传统、生活习惯的不同，造就了每个个体的体质差异，但是我们在差异中寻找规则，将设计标准化，形成了设计规范。

在我们人类创造的具有高度文明的"第二自然"里，老人、残障人士及其他行动不便的弱势群体是否能在这个环境里自由地生活？我们的环境是否对每一个人都足够"包容"？我们的设计是否足够体现出对社会公平性的追求？

让我们一起来听听谷歌无障碍设计师夏冰莹的工作体验。她说："即便是在谷歌这样全球最大的科技公司之一，无障碍的资源也是极度匮乏的。"在这个岗位上，她学到了以下经验。

（一）无障碍设计对所有用户都是更好用的

无障碍设计，意味着对所有用户的包容，无论他是永久性、情境性，还是临时性的残疾。无障碍设计在任何时候都不只是一个边缘情况——它会影响到100%的用户。

比如人行道斜坡效应，法律规定其目的是帮助坐轮椅的人出行。但实际上，它也能帮助到很多别的人——拉着行李箱的旅客、推着婴儿车或骑自行车的人、踩着滑板/滑板车的人、推着手推车的快递员等等。

再如打字机，最早的打字机是意大利发明家佩莱格里诺·图里为了让他逐渐变盲的情人能够在写情书的时候写出工整漂亮的字而发明的。众所周知，后来打字机成了我们现在每天都会用的键盘。还有字幕，字幕是为了帮助听障人士看电视节目而诞生的，但很多听力良好的人看视频也会使用它。在中、日、韩的综艺节目里，艺术字幕甚至起到了烘托气氛、画龙点睛的作用。再看E-mail，科技大佬温特·瑟夫是推动E-mail发展的很重要的一个影响源，温特·瑟夫自己有听力障碍，非常依赖于书面沟通。语音助理和智能音箱可以帮助盲人搞定很多操作，而这一点也给我们带来了便利，如开车、做饭等不方便正常操作手机时。

无障碍是一面问题放大镜，当你投入时间和精力来解决残障人士遇到的问题时，所有人都能受益，毕竟大家偶尔都需要一点点帮助。

（二）无障碍考量会激发创新

无障碍优先的思考方式，代表着把残障人士遇到的问题作为最高优先级的问题。当我们以无障碍优先的思路做设计的时候，能够发现大家都会遇到但未被解决的问题，解锁别人从未考虑过的潜在使用场景，并以此为社会大众提供创新设计、推动科技发展，也能给你的设计增加竞争优势。这就是人行道斜坡效应带来的巨大商机。

如果盲人用户都能流畅无阻地使用你的设计，想想看视力健全的人用起来体验会有多棒？我们再看"人人都可以使用的洗衣机"，洗衣机倾斜打开，使用者无须屈膝或弯腰，即使孕妇和年幼的孩子也可以参与。从以上内容我们可知，关于"无障碍设计"，我们对无障碍设计只适用于弱势群体的认识是狭隘的，所有人在某种情境之下都应该被认为是有障碍群体。

虽然在实现的理念上有些许的差异，但是笔者认为这些设计的目标都是营造一个更平等的世界，照顾到我们接触到的每一种群体的生理感受、心理感受以及自我的认同。要达到这一目标，需要政府和社会一起努力，当然这也是设计师义不容辞的责任。

也许在某一天，我们整个社会不会对能力障碍群体产生差异化的认知，而是打心底里把他们当作普通人来看待的时候，"为有障碍群体设计"的理念才会真正地融入我们的生活中。

"为有障碍群体设计"理念体现了设计态度的根本改变：从为残障人士设计转变为为多样化的使用者而设计。我们作为设计从业者，应该树立起真正以人为核心，追求社会公平性、文化多元性的设计理想，以及逐渐深入人心的设计意识、不断优化的设计标准和广泛开展的设计实践，逐步构建起"为人的共享设计"。这是设计的最终目标，好的设计是包容的，是模糊了人群边界的，是体现社会公平的。

（三）所有人都在某些时候是"残障人士"

说到"残疾"，你最先联想到的是什么？大部分人想到的可能会是永久性残疾。但是，"残疾"这个概念实际上要广泛得多。你有没有在一个嘈杂的餐馆里吃饭，结果听不清对面的朋友在说什么？你有没有过不小心把手指划破，结果好几天不能用受伤的手指？你有没有因为疫情出门戴口罩，而无法刷脸解锁手机？这些都是情境性残疾或临时性残疾的表现。我们还可以举出更多的实例，比如开车的时候试图用手机会出现情境性的视觉障碍、肢体障碍、注意力障碍；坐颠簸的公交车会出现情境性的手指灵敏度障碍；出国旅游语言不通会出现情境性的口头沟通障碍；买东西拎着大包小包会出现情境性的肢体障碍；眼科散瞳检查会出现暂时性的视觉障碍；骨折后打着石膏会出现暂时性的肢体障碍；早上发困还没喝咖啡会出现暂时性的认知障碍……在这些情况下，一个平时身体健全的人在使用产品的时候，都会存在和残障人士一模一样的局限性。

微软对这一场景的解释更为清晰。在微软所做的"用户画像频谱"的模型中，从触觉、视觉、听觉、语言这些维度把能力缺失分成了永久性能力障碍、临时性能力障碍、情境性能力障碍。残障人士也是正常人、普通人，只是比别人多了一点点局限性而已。

CHAPTER 5

第五章

"仪式"日常

仪式研究一直是人类学研究中的一个重要领域，几乎所有的人类学流派都对仪式有着独特的理解和认知角度，人类学研究的发展自然也会在仪式研究中有所反映。在设计人类学的学科建构中，仪式与设计活动的关联点在哪里？在设计中营造"仪式感"强的产品体验过程，是仪式与设计最直接的链接点，设计师们已经在不断探索如何用"仪式感"来提升用户的体验。以数智时代的某APP设计为例，在APP点一杯饮品且到店取餐后，APP界面会给你弹窗展示一张"日签"，里面会有一些激励语、生活感悟，并附上当日日期，给人一种生活的仪式感。"仪式"日常，就是日常生活的仪式化。在设计人类学领域，"仪式"日常追求的是以仪式化的设计，增强用户日常生活的庆典感、参与感、体验感、幸福感。而对仪式知识谱系的学习，成为设计师进行人类学视域之"设计"的"通过仪式"。本章从仪式的表述、仪式的进程、仪式的象征、仪式的实践和仪式与设计五个维度，呈现"仪式"日常。

第一节　仪式的表述：界定与概说

人类学仪式理论（特别是宗教仪式研究）从发生到发展经历了一个明显的变化轨迹。早先（约120年前）的人类学仪式理论主要集中于神话和宗教范畴。它的研究大致沿着这样两种发展方向演变：一是对神话和仪式进行诠释。其学理依据主要来自人类学古典进化论。像生物物种一样，首先将它放在文化的原初形态上，以建立一个历时性文化时态的建构机制。在这样的学术背景作用下，19世纪中晚期到20世纪初的一段时间内，"神话-仪式"研究出现了空前的热潮并取得了丰硕的成果。古典进化论学派与神话研究交叉重叠的学术关系直接推导出这样一个学理规范，即将仪式研究视为人类学学术传统和知识系统的一个重要部分。泰勒、斯宾塞、弗雷泽等学者都不乏关于"神话-仪式"的重要著述。二是仪式的宗教渊源和宗教形式。仪式（狭义的）一直被作为宗教的实践和行为来看待。学者们一方面审视神话仪式与宗教演变的历史纽带，另一方面探索宗教化仪式在社会总体结构和社会组织当中的指示和功能。比如，涂尔干、莫斯等人类学家就在仪式和社会结构之间架起了一座桥梁。而后来的一些著名人类学家，如列维-施特劳斯、利奇、特纳、道格拉斯等，在仪式研究上也承袭了这一学术传统。

从理论上说，人类学的仪式研究传统是一个从内涵到外延都不易界定的巨大的话语空间。以"神话-仪式"为代表的早期人类学仪式研究，可以归类到比较文化视野下的"异文化"研究范畴。其研究包括对传统文本、神话的形象化，口传和文献的重新诠释，也包括文字的训诂、历史资料的破解，以及对"未开化野蛮人"巫术方技的搜集。后来的人类学仪式研究（特别是以马林诺夫斯基为代表的"功能学派"和以博厄斯为代表的"历史学派")逐渐失去了对这样一种范式的热情，而着重于研究仪式的功能性、物质化、技术化、符号化甚至数据化。近50年来，人类学的仪式研究显然出现了将仪式研究置于更广阔背景下进行重新解释的态势。此种状况直接对人类学的现代反思产生了推动作用，在研究上开辟了新的领域，在方法上较之以往又有了新的推进。20世纪70年代，就有学者呼吁对仪式研究的"范式"（paradigms）进行重新审视和评估。特别是福柯的"知识考古"的解读方法出现以后，人们已经不再满足于对单一行为、器物的"物态"层面的认识，而是要对自然本体之中潜伏着的历史叙事进行重新解释。

从概念来看，"仪式"一词作为一个专门性词语出现在19世纪，它被确认为人类经验的一个分类范畴上的概念。随着仪式越来越广泛地进入社会的各个领域和学术研究的视野，人们以各种各样的态度、角度、眼光、方法对仪式加以训诂和解释，使仪式的意义变得越来越复杂。今天，若不加以基本的框限，很难对仪式的边界加以确认。它可以是一个普通的概念，一个学科领域的所指，一个涂染了艺术色彩的实践，一个特定的宗教程序，一个被规定的意识形态，一种人类心理上的诉求形式，一种生活经验的记事习惯，一种具有制度性功能的行为，一种政治场域内的谋略，一个族群的族性认同，一系列的节日庆典，一种人生礼仪的表演，等等。人类学家们对仪式的界说也见仁见智：有人认为"那些包含着世俗的行为，其目的是为国王和部落祈福的，人们称作为仪式"；有人"将仪式视为基本的社会行为"；有人提出"仪式是纯净的行为，没有意义或目的"；有人指出"仪式是关于重大性事务的形态，而不是人类社会劳动的平常形态"；在有的人看来，"仪式就像一场令人心旷神怡的游戏"；有人认为"在仪式里面，世界是活生生的，同时世界又是想象的……然而，它展演的却是同一个世界"。利奇指出："在仪式的理解上，会出现最大程度上的差异。"[1]仪式的意义如此广泛，不一而足。大致梳理，仪式主要有以下几个方面的意义：第一，作为物种进化进程中的组成部分；第二，作为限定性的、有边界范围的社会关系组合形式的结构框架；第三，作为象征符号和社会价值的话语系统；第四，作为表演行为和过程的活动程式；第五，作为人类社会实践的经历和经验表述。

对现代人类学仪式研究给予直接推进的，是对仪式内部意义和社会关系的研究。这方面的代表人物主要是涂尔干和马林诺夫斯基。法国人类学家涂尔干在仪式研究上占有非常重要的地位。涂尔干在《宗教生活的基本形式》中认为，宗教可以分解为两个基本范畴：信仰和仪式。仪式属于信仰的物质形式和行为模式，信仰则属于主张和见解。他还认为，世界划分为两大领域，一个是神圣的，另一个则是

---

[1] 彭兆荣.人类学仪式研究评述[J].民族研究，2002(2):88-96,109-110.

世俗的[①]。涂尔干关于"神圣/世俗"的著名命题，后来成了人类学家在讨论仪式定义与内涵时不能轻易跨越的一个"原点"。马林诺夫斯基在神话和仪式的关系问题上，大体与"神话-仪式"学派保持一致，认为神话是观念的，仪式则是实践的，二者并存。但马林诺夫斯基独辟蹊径，将文化现象，包括巫术、神话、仪式等，与人类和自然的相互关系这一"功能"直接相连。这样，所有那些神秘的、不可见的、超自然的、经验的、制度性的文化现象的表述、表示、表演，都显得更具有直接的、根本的和功利性的理由。他曾直截了当地宣称：从根本上说，所有的巫术和仪式等，都是为了满足人们的基本需求。巫术总在执行着这样一种原则：帮助那些需要帮助的人们。

第二节 仪式的进程：阈限与通过

仪式的种类繁多而复杂，其中最重要的是生命礼仪。根纳普在《通过仪式》（又译作《人生礼仪》）一书中开宗明义："任何社会里的个人生活，都是随着其年龄的增长，从一个阶段向另一个阶段过渡的序列。"所谓"从一个阶段向另一个阶段过渡"，仿佛时间被人为地区分为有临界状态的"阶段"。然而，这正是生命时间制度的另一种表现，或者"生命时间的

社会性"。简单地说，如果没有一个特定的社会仪式将"一个年龄"与"另一个年龄"以特殊的方式分隔开来，便无从获得社会规范中的过程属性，这就像不举行成年仪式便无法步入"成年社会"一样。仪式的生命过程具有"凭照"（charter）的性质。根纳普与涂尔干不同，他并不认为宗教和巫术截然不同，而是将二者视为社会语境中的不同方式。他认为，宗教表现为理论性，而巫术则表现为实践性。重要的是，个体和群体之间建立的仪式系统体现了社会关系和交流价值。

在根纳普的仪式理论中，人类社会所有的高级仪式，如献祭仪式、入会仪式、宗教仪式等，无不具有边界，具有开端、运动和变迁程序的特点。因此，所有这些过渡性仪式也都包含三个基本内容，即分离、过渡和组合，以及三个阈限期，即前阈限、阈限和后阈限。"阈限"概念所具有的工具性操作价值使得仪式理论具备了"模型"化的分析原则，为仪式的动态性机制的拟构奠定了一个良好的基础，它将人的生理特征和生命阶段的社会化通过仪式的展演聚合到了一起。

受根纳普仪式理论影响，并对仪式的阈限理论作出重要贡献的另一位人类学家是格鲁克曼。格鲁克曼是一位典型的"社会冲突论"者。他对仪式理论的基本主张反映在他早期的论文《东南非洲的反叛仪式》中，他援引弗雷泽《金枝》开头关于内米祭司的仪式，并从此引出仪式活动的另一个连带意义，即所谓的

[①] 涂尔干.宗教生活的基本形式[M].渠东,汲喆,译.上海:上海人民出版社,1999:43.

"反叛仪式"——通过对神圣的"弑杀"这一不可缺失的行为,使得仪式生成内部系统的过渡功能和转换指示。

对仪式研究最具影响力的当代人类学家当数特纳。他将仪式作为一种结构性冲突的模型来分析,因而被称为将民族志图释为一个模型的大师。虽然在仪式分析的架构和操作工具方面,特纳可以说全盘接受了根纳普通过仪式的三个阈限的划分程式,但在特纳那里,阈限成了"互动结构的态势"(interstructural situation)。他最具有理论特色的所谓"两可之间",或曰"模棱两可"(betwixt and between),即直接源于他对仪式阈限的独到理解和新颖诠释。较之根纳普,特纳的仪式研究显然更加深入,并弥补了根纳普仪式理论较为单一、刻板的弱点,而他对仪式阈限理论中象征意义的挖掘更具有解释价值。

特纳通过对阈限象征的观察,发现了仪式过程中的几个重要的特征:第一,阈限的模棱两可性,即在一个阈限与另一个阈限的关系之间存在着"中间状态",它是仪式由一个阈限向另一个阈限延续的必要阶段。这个所谓的中间状态所蕴含的仪式喻指更为深刻,也具有更大的诠释空间。第二,阈限之间可以化解其分类性隐喻,比如"生—死""幼稚—成熟"等。换言之,虽然仪式的阈限理论和实践活动带有"工具和机械"的外部特征,但其内部运动的意义指示却受到象征性的社会价值附属力量的控制。所以,任何仪式的所谓"通过",其实都是凭借仪式的形式以换取对附于其中的象征价值的社会认同和认可。第三,人物角色的可逆转性。仪式的过程所表现出来的物理特性在表象上仿佛是不可逆的,比如当一个人到某特定社会所规定的"成年"时,需要举行成年礼,之后便自然地进入成年社会,无法再回到"未成年"的阶段。就这个意义而论,仪式的通过在其形式的"能指"(signifier)上具有不可逆性质。不过,仪式本身所建立起来的社会关系非常独特,即可以在特定的时间和地点突出或者夸张一些社会性质,漠视另一些社会规范。因此,它就具备了一些特别的功能。第四,仪式的阶段性处于封闭和孤立状态,从而使之为另一个过渡提供了理由。虽然在特纳那里,仪式的进程具有"两可之间"的性质,但这并不意味着阈限之间缺少相对的独立性。相反,每一个阈限本身不仅在能指的物质上自我包括,像一个独立的"贮藏罐"(container),而且也具有独立自主的阈限性规定和意义。更有甚者,其规定和意义会随着时间的推进而膨胀,以至达到最终向另一个阈限过渡的极限要求。第五,仪式的展演过程存在着绝对且专断的权力。它通常被视为"公共利益",大都由长者来传递共同体的袭成价值和知识表述。所谓仪式,从功能方面说,可被看作一个社会特定的"公共空间"的浓缩。这个公共空间既指称一个确认的时间、地点、器具、规章、程序等,还指称由一个特定的人群所网络的人际关系。其实,通过仪式之所以在经过一个形式之后就赋予另一种特殊的"能力",而它又必须与其社会性相呼应,都是受控于专断的权力,即以个别人在特定场合为代表的、由社会价值所赋予的特权。

第三节 仪式的象征:功能与结构

人类学关于仪式的研究可谓洋洋大观,但对仪式的认知却未能达成共识。然而,这并不意味着研究者在从事仪式研究的时候没有一个基本的认知原则。比如说,"象征"就是仪式研究中的一个重要范式。

马林诺夫斯基认为,原始社会的知识系统与低级的文化相适应,它通过"象征的力量"和"引导的思维"来表现知识系统。象征主义作为人类活动的一种基本类型,被用来作为交流的媒体和传统的陈述,以满足人类进一步思考的需要。它之所以表现出一种"需要",首先是由于人类表述的工具和象征功能之间的关系。在马林诺夫斯基看来,原始社会的象征主义首先是为了满足人类的交流。象征主义的功能必须建立在物质工具媒介之上。这种原始文化的"物化"倾向一方面满足了功能主义对"科学品质"的限定和分析上的便利,另一方面也反映出功能主义在诠释仪式的时候,尽可能地把文化与自然"互文"化。很明显的是,仪式对于社会结构和人际关系而言,它的一个基本原则就是交流。遵循这个原则,它展示了以下三种功能和三种表述范畴:

展演功能(exhibitions)——表述范畴:展示什么(What is shown)?

行为功能(actions)——表述范畴:做了什么(What is done)?

指示功能(instructions)——表述范畴:说了什么(What is said)?

从这个意义上说,仪式的社会化其实不过是检查它的功能在社会生活中的体现状况和程度。我们不妨从这样一个角度来看待和理解仪式,即仪式是通过象征这样一个特殊的"知识系统"来释放符码、解读意义的。因此,仪式的行动既是一个个具体的行为,同时,这些行为由于被仪式的场域、氛围、规矩所规定,也就附加上了情境中符号的特殊意义。比如,人们日常生活中选择什么样的穿着,如质地、款式、风格等,都显得无关紧要,可是在重要的仪式性场合,人们的穿着行为便有所规定,有所约束。它们都具有既定的符号设置和意义。而作为仪式行为的符号象征的功能性解读,交流当然属于至关重要的指涉。

从仪式的交流类型看,至少有以下几种:第一,"制度性交流"。人们在某些特殊仪式中的行为,其仪式程序都是预先规定的,这些规定赋予了一种新的条件,人们的行为在这些程序中享受着一种新的状态和身份。第二,"自我表现性交流"。即通过仪式中的行为不仅向他人展现自己,也为自己展现自己。正如利奇所说:"为了向我们自己传递一种集合的信息,我们去参加仪式。"第三,"表达性交流"。仪式为人们提供了一个表达和转述情感的机会。仪式的表达特征不仅体现在言语性的语境中，而且体现在任何仪式语境中。第四，"常规性交流"。仪式作为一种基本的交流传媒，聚集了社会价值信念、道德语码等，并将生命的理解与传说的"生命圈"循环通过重复、音乐、舞蹈等行为加以讲述。第五，"祈求性交流"。有些仪式是为了求得某种与神祇、精神、权力或其他圣灵的通融。或许将仪式行为进行分类并不是最重要的，重要的是这些仪式行为建构出了一个完整的叙事结构。

归纳起来，仪式具有以下几种重要的表现特点：第一，仪式具有表达性质，却不只限于表达；第二，仪式具有形式特征，却不仅仅是一种形式；第三，仪式的效力体现在仪式性场合，却远不止于那个场合；第四，仪式具有展演性质，却不只是一种展演；第五，仪式展演的角色是个性化的，但完全超出了某一个个体；第六，仪式可以贮存"社会记忆"，却具有明显的话语色彩；第七，仪式具有凝聚功能，却真切地展示着社会变迁；第八，仪式具有非凡的叙事能力，但又带有策略上的主导作用。"仪式不是日记，也不是备忘录。它的支配性话语并不仅仅是讲故事和加以回味；它是对崇拜对象的扮演。"[1]毫无疑问，由于仪式的这些特点，它自然会在社会中起到非常重要的作用。

第四节 仪式的实践

在"重建中国仪式话语体系"[2]的学术呼吁下，接下来我们以两个仪式研究案例，即"黄土文明'五行观'之介休表述"与"仪式的'意外'表述"为例，呈现中国人与仪式的活态实践。

一、黄土文明"五行观"之介休表述

在对介休这一具有"华夏中心"文化特征的地域进行人类学调查基础上，以"五行观"的分析框架，结合"介休一年""介休人一生"的文化切片，阐述黄土文明"五行观"之介休表述，呈现中国人一年四季仪式生活的本土化实践。

（一）"五行观"：黄土文明民族志表述的本土框架

从文化区位来看，介休所处的晋中地区，是华夏文明的核心地带，承载了中华文明的主脉。以"异文化"研究见长的人类学，如何从擅长的"简单社会"分析，转向对"复杂文明"进行阐述，并将分析框架定位准确，这是一个难题。

对介休进行人类学调研和书写，可供借鉴的分析框架有"社会中的国家"框架，即王铭铭所说的"关于国家的人类学"[3]。从"历史记忆与文化认同"的角

---

[1] 康纳顿.社会如何记忆[M].纳日碧力戈,译.上海：上海人民出版社,2000:81.
[2] 彭兆荣.重建中国仪式话语体系——一种人类学仪式视野[J].思想战线,2021,47(1):71-79.
[3] 王铭铭.关于国家的人类学[J].中国农业大学学报(社会科学版),2007,24(1):181-184.

度思考，王明珂所提出的"华夏边缘"[1]理论框架，亦可资借鉴。但以"社会中的国家""华夏边缘"的理论框架来阐述"黄土文明"的大话题，仍是借用外来概念在分析本土文明。在华夏文明的知识谱系中，有没有一种分析框架较适合于对介休人的文化进行书写呢？

法国汉学家葛兰言早在20世纪30年代就提出了关于"中国思维模式"的命题。中国早期的思维方式注重具象和直观思维，强调哲学的人本精神，建立了成熟的宇宙论，着重探讨人在宇宙中的位置和与自然的关系，且创造了成套的占理数术与之相应。这套思维模式将中国人（特别是中原文明）的文化习俗、思维方式进行了简练的概括，并上升为一套哲学理论，这就是"五行"。

顾颉刚先生也曾说：五行，是中国人的思维律，是中国人对于宇宙系统的信仰，二千余年来，它有极强大的势力。源于观象，用以治人，天人合一，万物关联，是五行学说的基本内涵。在五行系统中，社会与宇宙在并置和谐与分隔冲突的秩序中关联起来，这一秩序由与阴阳相关的对立成分构成的链条开始，又可分解为与五行相关的四与五（四季、四方、五色、五声、五觉、五味……），再往下是与八卦和六十四卦相关的依次分解。毋庸多言，五行作为华夏文明的一个核心观念，用其对华夏文明进行分析，是人类学本土化探索的一种尝试。

作为一种知识遗产，五行的认识方式，的确存在于人们的日常生活中。如今，以五行框架为基础的"尚五"认识，在脏器、感官、气候、季节、味道、音声、方位等日常实践中均有表征[2]。五行的知识遗产，在当下的黄土地生活时空中，仍然存在着其认知价值。从绵延几千年的五行观，回到介休文化遗产的当下表述，我们以介休一年和介休人一生中最重要的礼仪为切片，以传统民俗为中心，从民俗细节处来呈现五行观在介休黄土地上的表述。

（二）黄土文明"五行观"之介休表述：以传统民俗为中心

介休的一年，从过"年"开始。年，最早的写法是一个人背负成熟的"禾"的形象。晋中地区，谷禾一般一年一熟，所以"年"也被引申为"岁"名。介休当地，每当进入腊月，人们就开始准备过年了。从腊月初一到冬至，介休人一年所经历的民俗文化事项，均有五行观之详略表述。具体见表5-1。

---

[1] 王明珂.华夏边缘：历史记忆与族群认同[M].台北：允晨文化，1997：11.
[2] 例如，五行：木、火、土、金、水；五脏：肝、心、脾、肺、肾；五季：春、夏、长夏、秋、冬；五志：怒、喜、思、悲、恐；五色：青、赤、黄、白、黑；五音：角、徵、宫、商、羽；五方：东、南、中、西、北。

表 5-1　介休一年中民俗文化事项五行观及表述

时节	五行观	五行表述
腊月初一	五谷米花	介休农家用玉米、高粱、黄豆、粟米、小米爆炒"五谷爆米花",供谷神、人、畜共享。庆贺五谷的丰收,祈求来年五谷的好收成。介休人敬谷神之举,实则是敬自然之道
腊月初八	五味粥道	腊祭"先啬(收割庄稼)神、司啬神、邮表神、畷(田间小道)神、水庸神、坊神、猫虎神、昆虫神"八种神灵,喝"七材五味"粥。祈求来年五谷丰登,家人平安、吉祥。介休之八腊庙,是中国古老的"腊祭"文化与佛、道共生的建筑遗存
腊月二十三	五位神灵	在家院祭祀"天地君亲师"神灵,家中"福禄财寿禧"五神牌位居中,东侧供保护儿童的张弓神位,西侧是灶君神位,下面供奉小财神神位,后面半尺高的小木台上,供着"一佛二菩萨"的青铜雕像。主人上香后口念"请诸神保佑,上天言好事,回宫降吉祥"等吉祥话,大户人家还要读祭表文,然后焚表,祭祀神灵。祈求诸神保佑,来年好事多多、吉祥如意
正月初五	破五之俗	初五忌出门,在家敬献财神,主人在财神爷神位前上堂供,并供奉一盘十二个寿桃,烧香焚表。在太阳出山之前,挑一担煤灰倒出去,上面插上点燃的清香,念道:"穷姑姑走了,富姑姑来。"返回时挑回一担烧土或煤。这是介休人的"送穷五"仪式,祈求来年招财进宝
正月十五	上元之火	吃元宵、赏花灯、猜灯谜是汉文化圈几项必备的元宵民俗,介休也不例外。但在介休,人们吃的是黄芽韭菜、莲藕和猪肉的三合馅饺子。全家都会到街上去看红火,直至深夜才回家
正月二十五	五谷添仓	俗称"添仓节",祭祀仓王爷的生日。节日当天,制作仓形、囤形、布袋形、包袱形、元宝形、钱形的糕灯,除敬献仓神外,也向天地、财神、土地等神仙上香祈福。还有在门口偷灯盏的习俗,叫"偷灯添仓",发现有人偷灯盏也不生气,不追赶,"丢灯发财,偷灯添材"成为邻里间的一种游戏。糕灯燃尽,仔细辨认灯花,像谷穗还是豆花,像什么,预示着什么庄稼收成好。这是中原汉族民间象征新年五谷丰登的节日。"添仓节"因"添"与"天"谐音,也称"天仓节",祭献仓神,所谓添仓,意思是添满谷仓
二月初二	龙行雨施	去龙王庙、龙泉观祭拜,绵山一带的去空王殿、五龙圣母殿祭拜。家家户户在天地爷神位前祭拜,祈求龙行雨施、风调雨顺、五谷丰登。清早祭献完毕,吃过绿豆面、白面、红面、豆杂面摊的煎饼后,全家人上街买一尺多长的大麻糖,登上城墙,意为登高望远,祈求步步高升
清明节前一日	断火寒食	寒食节禁烟火,只吃冷食,在后世逐渐增加祭扫、踏青、秋千、蹴鞠、牵钩、斗鸡等风俗。节前数日,每户要准备不施红色的素色蛇盘兔,准备一桌四盘或八盘的祭菜,一壶酒,一罐米汤,带上扫墓工具,携子女上山扫墓。亲人逝去五年或九年的,还需准备一座五尺九寸高的纸扎"库楼",把元宝、冥票、色纸(代表布匹)装进库楼,已出嫁的闺女家要做两盆纸花,拿到坟前烧化。祭扫坟头,栽种松柏,供献、上香、奠酒、跪拜。礼成后用带来的米汤浇在坟头,滋润风水
三月初三	上巳祭水	"三月初三,穿上蓝布大衫,骑上毛驴,去赶洪山",这是农耕时代介休民间流传至今的去洪山过"上巳节"的生动图景。祭祀的是源神庙正殿主神尧、舜、禹。相传大禹治水治梁而岐,而岐就是源神庙后的孤岐山。介休洪山上巳节,融合了春祭、分水和庙会的综合功能

续表

时节	五行观	五行表述
三月十八	皇天后土	旧城西北隅庙底街的后土庙,香火鼎盛,延续至今,被国内外道家信徒尊为祖庙。主要供奉后土夫人——掌管阴阳生育、大地、山河的女神。自秦汉以来,历代帝王多有祭祀,祭祀后土夫人和玉帝的规格等同。如今后土庙会,延续了传统的土地信仰精神,在仪式内容上有所扩充。2013年介休后土庙祭祀,包括以下内容:1.入场:(1)祭祀仪仗队;(2)民乐;(3)祭品(整羊、整猪、麻花、祭馍、水果、纸扎);(4)特邀嘉宾入席。2.宣布祭祀大典开始:(1)全体人员伫立;(2)击鼓、击磬各十次;(3)鸣炮、奏乐;(4)特邀嘉宾敬献花篮、三鞠躬,行祭祀大礼,功德箱募捐、点香、烧纸。3.祭祀仪式开始:(1)摆放祭品(整羊、整猪、麻花、祭馍、水果、纸扎);(2)念祭文、三鞠躬后退台;(3)全体人员向后土夫人行三鞠躬;(4)取圣土;(5)表演团队表演
五月初五	五五端午	从四月开始准备,初八,养牲畜的去文家庄南玉皇阁东的弘牛庙(牛王庙)进香,祈求家畜平安壮实。妇女为孩子编制手指头大的荷叶小青蛙、蓬蓬包子、小钵盂、小佛手、小粽子、小香囊,里面装上雄黄、朱砂、珍珠粉、丁香、檀香末等,用红黄白绿青五色花线(五色神索),挂在孩子脚上、手上和脖上,辟邪驱虫,除怪护身。花线要等到过了端午,五月初八才剪掉埋入土中,最好是土路的车辙中,让车轮把它碾碎,传说可保孩子一生平安。四月十八后,主妇开始到街上采购苇叶、马莲草、黍米、江米、红枣,准备包粽子。五月初五一早把粽子供奉天地爷,上香礼拜,门窗插艾株。清代之前还编制艾虎,辟邪驱瘟
七月十五	地官赦罪	七月十五前几天,市场上就开始有人采买冥币、金银锞子、元宝串、色纸、香烛、摇钱树、聚宝盆、离宅(纸房)、轿子、马匹、童男童女、库楼等烧祭用品。七月十五一早,有新丧或新坟的人家需去地藏王寺烧香祭拜,祈求地藏菩萨为死者赦罪。也有去城隍庙、五岳庙、东岳庙降香祭拜、还愿献祭的,目的是让死者在地狱少受折磨。一般人家多进行家祭,家祭在下午进行,四盘菜肴、四盘鲜果、四盘碗旋(小圆烙饼),然后焚香、燃烛、叩头
八月十五	祭日拜月	节前准备月饼、花馍、酒水、肉食等贡祭品。当天早晨,在院子摆起八仙桌,系上桌裙,摆放香炉、烛台、香筒等,开始祭日。请出天地老爷神位,供献直径一尺的团圆月饼,月饼下方放置一个同样尺寸的月牙(半圆形),两边摆放烤制的猴、兔。月饼前供献面塑蒸五果:桃子、石榴、佛手、荔枝、柿子各五个。面塑前供献鲜果五盘:桃子、柿子、石榴、葡萄、鲜枣各一盘。正午,当家男人点烛、烧香、跪拜。拜月习俗在晚上月亮出来之后才进行,家庭殷实的人家,祭日时用的铜供器,拜月时要换成锡供器,白锡和月光更协调,供品和祭日时一样,圆月饼、月牙、猴、兔各一套,面塑蒸五果,鲜五果,再加上两盘摆成海螺状的毛豆角,里面点麻油灯,两盘带壳花生、两个带叶大萝卜、一盘盛开的八月菊,庆祝丰收
十月初一	五色棉纸	寒衣节。晋南送寒衣时,讲究在五色纸里夹裹些棉花,为亡者做棉衣、棉被使用。晋北送寒衣时,将五色纸分别做成衣、帽、鞋、被等种种式样,甚至还要制作一套纸房舍,瓦柱分明,门窗俱备。介休寒衣节除五色棉纸,还订制库楼,里面装金银纸锞、冥票等,午后拿到坟前烧化。晚饭前在神主牌位前举行家祭,四个菜或八个菜,荤素各半,主食是四盘不点红的白馍和四盘碗旋。燃烛、焚香,按辈分依次行礼

续表

时节	五行观	五行表述
冬至	五行冬至	冬至大如年,冬至作为介休人一年最后一个节日,照例要供献神佛,祭献祖先。冬至前两天蒸发财馍。所谓"发财馍",内包煮好的红枣红豆馅,好让人月月有甜头,外面塑成如意、莲花、富贵不断头、蟾蜍、莲花抱佛手、万字不断头、如意夹元宝等形状,面塑上插一个枣,"枣"与"早"同音,是愿望早日实现、早发财的意思。面塑,蒸十二个,十二月每月一个,闰年要蒸十三个,还要蒸五朵面塑莲花,供奉天地爷,莲花既是神佛的宝座,也是"连发"之意。如意、蟾蜍和莲花抱佛手,既寓意莲花抱佛手,守住爹娘永不走,也寓意"连发、福寿",出笼后的食物都要点红,以示喜庆。清早就把"天地君亲师"牌位请到院子,坐北朝南,系上桌裙,摆放香炉、烛台、香筒。供献五朵莲花,五个发财馍,烧三炷香,点一对红蜡,醮一份黄表。佛前供三朵莲花,财神爷及福禄寿禧前供五朵莲花、五个发财馍,小财神前供两至三个发财馍。神主牌位前供奉四或八盘菜肴、四盘馍馍。各位神前都焚香、燃烛、礼拜,告慰神灵和祖先,祈求保佑来年顺利。门神、土地、张弓、灶君等一一进行祭拜。在介休,过去煤窑、焦厂不少,如果自己开办煤窑或是家中有人下煤窑,会另置供桌,供奉"窑神爷"。自己开办煤窑的,还要到坑下去供献,供奉祭品给窑神爷享用

二、仪式的"意外"表述

以彝族撒尼人密枝祭神仪式的"标准"表述为基础,分析在外来媒介物的介入下,民间仪式的表述变迁,探讨外来媒介物与民间文化表述的问题。

仪式,从超时空的角度看,最重要的内容是:它们是标准化的、重复的行动[1]。在仪式过程中,标准化的程式和重复的行动,是仪式顺利进行的前提,更是仪式功能顺利实现的基础。而从某个仪式发生的具体时空看,除了仪式表述的标准程式、重复行动这些实现仪式功能不可或缺的机械性和技术性依据,在仪式进程中发生的"意外事件",区别于以往仪式程式的"新的"表述,同样作为仪式场域的一部分,进行着"意外表述"。以具体的仪式案例为对象,探究这些"意外表述"的组织形式和实践呈现,无疑为仪式的变迁提供了鲜活的田野经验。

(一)密枝祭神仪式的"标准"表述

密枝祭神仪式是彝族撒尼人密枝节期间最重要的宗教祭祀仪式,目的是表达对土地的答谢,祈求神灵护佑来年风调雨顺、人畜平安。"密枝"是撒尼语的音译,"密"有"土、地"之意,"枝"有"跳(舞)、酒、财帛、奠祭"之意[2],"密枝"

---

[1] 彭兆荣.人类学仪式理论与实践[M].西安:陕西师范大学出版总社,2019:13.
[2] 巴胜超.密枝节祭祀中女性的缺席与在场[J].云南社会科学,2010(3):67-72.

即用跳舞的方式来取悦神，用酒和财帛来祭奠土地，表达报谢土地之功的意愿，同"社祭"通过定时举办群体性的祭祀活动表示对土地的崇拜有相同的诉求。

密枝祭神仪式主要发生在村寨附近的密枝林中，但因为地域和村寨的差异，密枝祭神仪式的时间和祭品选择并不统一。从祭祀时间上看，云南石林板桥上新宅村在农历二月第一个属鼠或属马的日子举行；石林西街口乡寨黑村在农历七月第一个申日或寅日举行；云南宜良耿家营、九乡一带的彝族在农历七月十五举行；云南大理巍山的彝族则在农历十二月三十日举行。但是大多数撒尼村寨都是在每年农历十一月第一个鼠日进行密枝祭神仪式。而祭神的主要祭品和用于祭献的牺牲也不大相同，如云南宜良的彝族用的是黄牛，上新宅村用的是黑猪，但大部分撒尼村寨使用的是毛色白净的绵羊。

可见，要在活生生的民间生活现场[①]寻找一个"标准"的密枝祭神仪式表述并不容易，这里所述的"标准"表述也是一种相对层面上的说法。综合来看，彝族撒尼人的密枝祭神仪式是：在每年农历十一月第一个鼠日用白绵羊等祭品在密枝林中祭祀密枝神的民间宗教仪式。

（二）外来媒介物与"意外"表述

媒介是文化符号依托的物质载体，也是存储和传播文化符号的工具，仪式中的人和物，均是仪式功能显现的媒介物。在某种仪式的标准程式中，媒介物按照文化习惯时代沿袭，成为一套可供重复使用的规矩，但是在某种正在发生的活态仪式中，标准程式只是仪式进行的参照，现场的仪式中的"意外"表述，作为已经发生的文化表述，同样属于仪式的一部分，见证着仪式的程式和变迁。

在密枝祭神仪式的田野案例中，从前关联仪式、核心仪式到后关联仪式，可以看到诸多与"标准"仪式表述相区别的"意外"表述，这些意外表述无疑都与"外来媒介物"有关。在祭祀仪式[②]开始之前，仪式主持者毕摩的缺失，使得撒尼人不得不从外面请一个毕摩，外来的毕摩虽然也会念经，但是在本村"神权"的缺失，使得密枝祭神仪式的神圣性在某种程度上受到损耗，比如外来的毕摩在没有做任何洁净仪式的前提下允许外来人参加祭祀仪式，用香烟替代本来很容易找到的炉火，抑或毕摩在主持祭祀仪式时为人类学者讲述祭祀细节等。而毕摩的提前离开，使此次密枝祭神仪式未能完整完成，很多仪式都省略了，而人类学者作为参与观察

[①] 除彝族撒尼人外，彝族的阿细、黑彝等族群也进行密枝祭神仪式；而且密枝节的节期也有三天、五天、七天的差异；新中国成立后，密枝祭神仪式曾被列为封建迷信的"四旧"之一被取缔，虽在20世纪80年代陆续恢复过密枝节的传统，但各个村寨恢复密枝节祭祀活动的时间却不一样。
[②] 此处的密枝祭神仪式特指2009年冬月笔者参与观察的石林彝族自治县大糯黑村的密枝节。

仪式的外来者，在田野观察中同样在某种程度上改变了仪式的进程。

从以上仪式的"标准"表述和"意外"表述对比中，可以看到一个仪式的"标准"表述是如何被外来媒介物，特别是仪式的外来主持者所表述的。在民间文化的活态变迁中，外来媒介物的介入不仅在密枝祭祀仪式的田野现场发生，也在其他社会的、宗教的、民俗的文化现场发生。外来媒介物，如游客、学者和其他人员流动所带来的文化变迁，所呈现的表述与被表述的生动案例，使外来媒介物对文化的表述问题，成为人类学仪式研究中一个值得关注的问题。

第五节 仪式与设计

在远古时期，仪式是伴随着宗教祭祀活动发展的。人类通过参与集体性的活动，有特定的流程、场景以及规范且具有秩序性的活动，祈求神灵实现愿望以获得精神上的慰藉。时代发展至今，宗祠、祭祀等集体性活动离大众生活越来越远，仪式逐渐脱离神话语境，趋于世俗化。仪式的形式、内容也随之简化、调适或更新。

中国作为礼仪之邦，从每逢春节的贴对联，端午节纪念屈原的赛龙舟，人生礼仪中的婚丧嫁娶，到秋天的第一杯奶茶，"520纪念日"，"618"与"双十一"电商购物节等，都是现代人在平淡且重复的生活中追求仪式感的方式。或者说日常生活中刻意追求的精致感，也构成普通人生活中特殊且较有仪式感的一个环节。

人们在满足物质生活之后开始追求精神世界的富裕，当代人因为生活的压力、工作的压力情绪无处释放，所以很多消费者在购买产品的时候，除了看重产品的物质功能之外，更看重的是将自己的情感注入产品中，通过产品的设计元素、色彩搭配、材质等产生情感共鸣，将自己内心情感外化表现出来，产生一系列情绪上的感性认识，例如愉悦感、神圣感、敬畏感、悲伤感等，而所有的感受最终升华成仪式感。

如何进行具有仪式感的设计？可思考将民族文化符号作为包装设计元素。以云南本土茶饮品牌霸王茶姬为例。"以东方茶，会世界友"的霸王茶姬从文案设计、广告营销、产品包装、用料选材等各个方面，都积极地融入民族文化元素（图5-1）。霸王茶姬的品牌Logo设计具有鲜明的特点，是基于中国佛像神韵与戏曲脸谱的人物形象元素的扁平化设计，白色作为背景色彩基调，呼应品牌的色彩语言，明晰产品的定位与特色，给消费者带来深刻的印象。在产品包装上，近几年霸王茶姬推出的茶杯风格分别是青花瓷、马面裙树纹和扎染系列，结合了中国水墨画、工笔画等元素。在文案设计上，"以东方茶，会世界友"。茶是中华民族传统的文化符号，具有独特的文化内涵与亲

图5-1 霸王茶姬海报

和力,是自古以来人们之间交流沟通的媒介。霸王茶姬在视觉上给消费者带来文化上的震撼与享受,其原野鲜奶茶因就地取材,以云南本土茶叶为主要原材料,没有本末倒置脱离物质功能成分,满足了消费者的生理需求,同时也能够让消费者在品茗之时联想到东方文化,潜移默化地参与到民族文化传承的仪式过程中。

著名美妆品牌毛戈平与故宫联手,将东方文化底蕴与彩妆结合,推出了"气韵东方"系列产品。第五季以"繁花秘境"作为主题的彩妆设计,选择狸猫、凤凰、蝴蝶、祥云、仙鹤等传统文化元素作为图案,以浮雕工艺雕刻纹样,尽显东方女性自古以来的含蓄内敛之美。第三季礼盒包装设计,选择明度与纯度较高的中国红为主要色调,鎏金色为辅。红色是中国传统色,喜庆大气、典雅高贵,鎏金色在古代宫廷中更是权威地位的象征,雍容华贵的中国红与带有浮光感的鎏金色形成强烈的对比。以现代审美意识为主,打造精致繁复的传家宝首饰盒形设计,富有力量感、充斥着野心的色彩搭配与雕龙刻凤的古老工艺——镂空技艺的合作,更是给予消费者强烈的视觉冲击力。

毛戈平与故宫的联名产品，以美妆为载体挖掘东方美学韵味，从不同的角度阐释故宫文化美学，让故宫藏品穿越千年，走出紫禁城，走入现代都市的视野，从设计理念、品牌定位、产品设计到礼盒包装等环节，产品都在向世界传达东方美学的时尚，让消费者在亲身感受产品的同时，将自身的审美情感与当下宫廷剧所营造出的消费氛围契合，奢华尊贵的礼盒包装让消费者产生一种跨越时空的仪式性体验。（图5-2）

图5-2　毛戈平与故宫联名产品海报

在建筑领域，想要营建与日常生活不同的场所，且具有仪式感的空间，要从情景环境的搭建入手，让体验者在别出心裁的场所里，获得一种心灵感触或者是超脱于日常生活的身份。从建筑本身的设计来说，需要设计师从室内空间设计、装饰等方面进行一些特殊的处理，唤起体验者在特殊空间中的情感共鸣。围炉煮茶是新时代的消费方式，给消费者提供了一种返璞归真的环境。目前，许多店家通过艺术性的手段打造具有松弛感、氛围感的场所吸引大众消费体验。门店的设计风格多数以农家小院或中式庭院为主，软装上配以庭院落叶、对联、果树、炭炉、铁丝网盘、竹质桌椅，整个空间设计给人以典雅、古韵之感，营造出一种远离世俗喧嚣的氛围。另外，商家提供的季节性食物套餐（例如秋天以橘子、玉米、红薯、果茶、红枣等为主），以季节为切入点进行时间仪式感的营销，打造独属秋冬的具有仪式感的场所（图5-3）。网络上以"围炉煮茶"为关键词进行搜索，出现的店铺文案有"这个冬天，宅家再冷，也别忘了冬天的仪式感""属于武汉秋冬仪式感，在小院围炉煮茶慢生活"等。在围炉煮茶的特殊场景中，精心设计的空间格局、带有艺术性的装修风格、秩序化的活动流程与大众所处的日常生活环境有一定的区别。置身于经过特殊装饰的场所空间中，消费者能够通过视觉、听觉、触觉等多感官，感受到自己所处空间给予的情绪上的愉悦感与休闲感，通过参与活动与周边环境发生联系，消费者最终内心情感的升华与现实

图5-3 围炉煮茶

世界的联想就是仪式感的生成。

只有河南·戏剧幻城也是具有仪式感的空间营造的典型案例。只有河南·戏剧幻城是全国首座全景式沉浸式主题公园，以俯瞰视角看戏剧城的整体规划，600多亩地以夯墙为壁分开，以棋盘格的形式布局，体验者推开一扇夯墙走进主题不同的剧场就像打开一段河南往事，许多体验者称之为"盲盒"设计。不同区域的剧场讲述的故事不同，3个主剧场主要是以沉浸式戏剧与传统式戏剧为主，李家村与火车站两大剧场可容纳上千人参与行进式观演，演员就在观众的身边，他们是戏中人，而观众也同样是戏中人，两方共同完成一个故事的创作。同时，18个小剧场的主题也不相同，体验者可以在候车厅看到不同年代的人行色匆匆，在红庙学校聆听上课铃声时梦回校园时代，在老院子剧场仿佛听到小时候树桠下奶奶摇椅的"吱呀"声等。戏剧城将河南的历史文化、农耕文化融为一体打造具有仪式感的空间，体验者作为具有审美情感的主体，按照看似随意其实带有秩序性的活动轨迹参与其中，周边环境中陈列着各种具有河南意象的符号元素，例如黄土、小麦等视觉元素，提醒外来拜访者已经进入河南地域，这里讲述的是河南的文化故事，通过粮食引出河南1942年暴发大饥荒的历史故事，激发外来者内心情感变化，产生对于共同生存于这片土地上的身份感的认同。体验者回望历史故事，体味当下生活的来之不易，产生情感共鸣，最终内心发生情感反馈，从而获得某种仪式感。（图5-4）

图5-4　只有河南·戏剧幻城

让人惊讶的是，甚至在与亡灵相关的墓碑设计中，设计师也在营造仪式感。以彩虹墓碑为例，彩虹墓碑设计是日本设计师Aya Kishi的创意，墓碑中间嵌有棱镜，在雨后，阳光重新照耀大地的时候，地面上投射出温暖浪漫的彩虹。逝者通过墓碑将世间美好的景色呈现在生者面前，借助彩虹语言治愈着碑前的生者，而生者面对五彩斑斓的彩虹，沉浸于对逝者的缅怀之中。墓碑与彩虹合作搭建出具有人性化、温暖感的仪式空间，逝者与生者在此空间进行一种无声的跨越时空的交流，改变了以往肃静、悲伤、生者单方面思念逝者的情境。在此设计中，生者面对现实空间中通过艺术性手段呈现出来的现象，于内心产生较为丰富或是复杂的情感体验，最终生成仪式感。

意大利设计师Mino Bressan对墓碑的形式进行设计改变，将传统的固定在某一位置且单调的墓碑设计为随形的、自由的贝壳形状，且贝壳上带有二维码，陌生人捡到后可以扫码阅读关于逝者的生平。贝壳墓碑不仅是对墓碑功能设计的改变，更是对人们面对生命逝去观念的改变，让生者不再害怕死亡，面对墓碑时不再仅仅是悲伤的——有时候生命的逝去也代表一个新的起点。

除了上述具有仪式感的设计作品外，期待在日常生活的各个方面，设计师为我们设计更多"仪式"日常的设计作品。最后，"仪式"日常是空间感，更是时间感。在《小王子》中，狐狸对小王子说："仪式，就是确定一个与其他日子不同的日子，一个与其他时辰不同的时辰。"仪式是具备完整的一套行为的流程，是超出日常生活习以为常的特殊行为，能够让人获得一种精神上的慰藉或情感反馈。

CHAPTER 6

第六章

"空间"规则

第一节　空间的虚实性

元宇宙是一个融合了虚拟现实（VR）、增强现实（AR）、3D全息技术、视频通信等多种技术手段，构建出的始终在线且相互影响的复杂系统。在元宇宙中，用户可以创建自己的数字化身份，进行社交互动、虚拟活动、经济交易等。

元宇宙与现实世界的空间关系是一个值得探讨的哲学和技术问题。从技术角度看，元宇宙是一个平行于现实世界的虚拟空间，具有高度的独立性。元宇宙中的空间并非现实的物理空间，而是通过数字技术构建的虚拟空间。然而，这个虚拟空间并非与现实世界完全脱离，而是与现实世界有着密切的联系。用户可以通过虚拟现实设备进入元宇宙，与其他用户或虚拟元素进行交互，这种交互在一定程度上会影响用户的现实感受和行为。

从理论层面分析，元宇宙与现实世界的空间关系可以被理解为一种"映射"与"反作用"的关系。首先，现实世界是元宇宙的基础，元宇宙的空间架构、文化、法律等元素都来源于现实世界的认知和经验。其次，元宇宙的空间又对现实世界产生反作用，通过用户在元宇宙中的行为和体验，影响现实世界的社会、文化和经济。最后，元宇宙的空间关系还体现在与现实世界的互动性上。元宇宙提供了一个平台，使得现实世界的人们可以跨越时间和空间的限制，进行实时互动和交流。这种互动不仅改变了人们的社交方式，也为现实世界的经济、教育、文化等领域带来了新的可能性。

在现代社会，随着科技的发展和人们生活水平的提高，各种各样的实际案例层出不穷。这些案例涉及各个方面，如经济、社会、法律、教育等，为我们提供了丰富的研究素材和实践经验。通过对这些实际案例的深入分析和探讨，我们可以更好地了解元宇宙与现实世界的交融。

元宇宙与现实空间交相呼应，体现在以下几个方面。

第一，映射与交互。正如汪满田鱼灯案例和敦煌博物馆的元宇宙版本所展示的，现实世界的元素可以被高度逼真地映射到元宇宙中。用户通过虚拟现实设备和增强现实技术，能够与这些文化遗址和艺术品进行交互，获得沉浸式的体验。这种映射不仅仅是单向的复制，更是一种文化的再创造和传播。

第二，社会体系与文化生活。在元宇宙中，用户不仅能够体验到来自现实世界的社交和文化活动，还能够参与构建和塑造元宇宙的社会结构和文化氛围。汪满田鱼灯的虚拟展示和敦煌博物馆的数字化重现，为用户提供了新的社交互动场所，人们可以共同探讨和欣赏艺术与文化，从而形成独特的数字时代文化生活。

第三，技术与创新。元宇宙的构建是一个技术集成的过程，它需要5G、云计算、人工智能等前沿技术的支持。汪满田鱼灯和敦煌博物馆的数字化，不仅展示了这些技术的融合运用，也促进了文化遗产保护技术和虚拟现实技术的创新与发展。

第四，经济体系。元宇宙中的虚拟经济体系，如数字货币和区块链技术的应用，为数字资产的交易和虚拟产业的繁荣提供了可能。汪满田鱼灯和敦煌博物馆的数字化，也为文化遗产带来了新的商业价值和经济增长点，同时也可能对现实世界的文化经济产生深远影响。

综上，元宇宙为文化遗产的保护和传播提供了新的平台和可能性，它不仅丰富了数字时代人们的文化生活，也推动了相关技术和经济的发展。未来，随着元宇宙技术的不断成熟和社会的进一步数字化，这种虚拟与现实的互动将会更加深入，共同塑造人类社会的未来面貌。

案例一：安徽省黄山市民俗非物质文化遗产——汪满田鱼灯的故事。

这是一个充满挑战与希望的故事，一个关于传承与发展、保护与创新的故事。

在一个古老的乡村，那里的村民们以制作和表演鱼灯为生。每年的正月十三至十六日，他们都会举办嬉鱼灯活动，以祈求新的一年平安吉祥、五谷丰登。这些鱼灯制作精美，形态各异，仿佛是鱼类世界的缩影。而其中最具代表性的是汪满田鱼灯，它以独特的造型和丰富的文化内涵，成为黄山市民俗文化的瑰宝。

然而，随着时间的推移，这个古老的乡村面临着一系列问题：青壮年人口的流失使得传统技艺后继无人，活动受外界因素的制约，文旅产业发展受限，缺乏完善的旅游基础设施。这一切都使得汪满田鱼灯面临着传承与发展的困境。

在这样的背景下，一群年轻人站了出来，他们决心通过数字化手段来保护和传播汪满田鱼灯文化。首先，他们搜集大量的鱼灯图片，从多个角度和多种纹样的搭配对鱼灯进行分析，尽可能真实地复刻汪满田鱼灯。他们不仅保留了所有提取的元素，还分析了鱼灯表面的材质表现，将汪满田鱼灯完整地导入虚拟世界，实现了鱼灯的"数字孪生"。（图6-1）

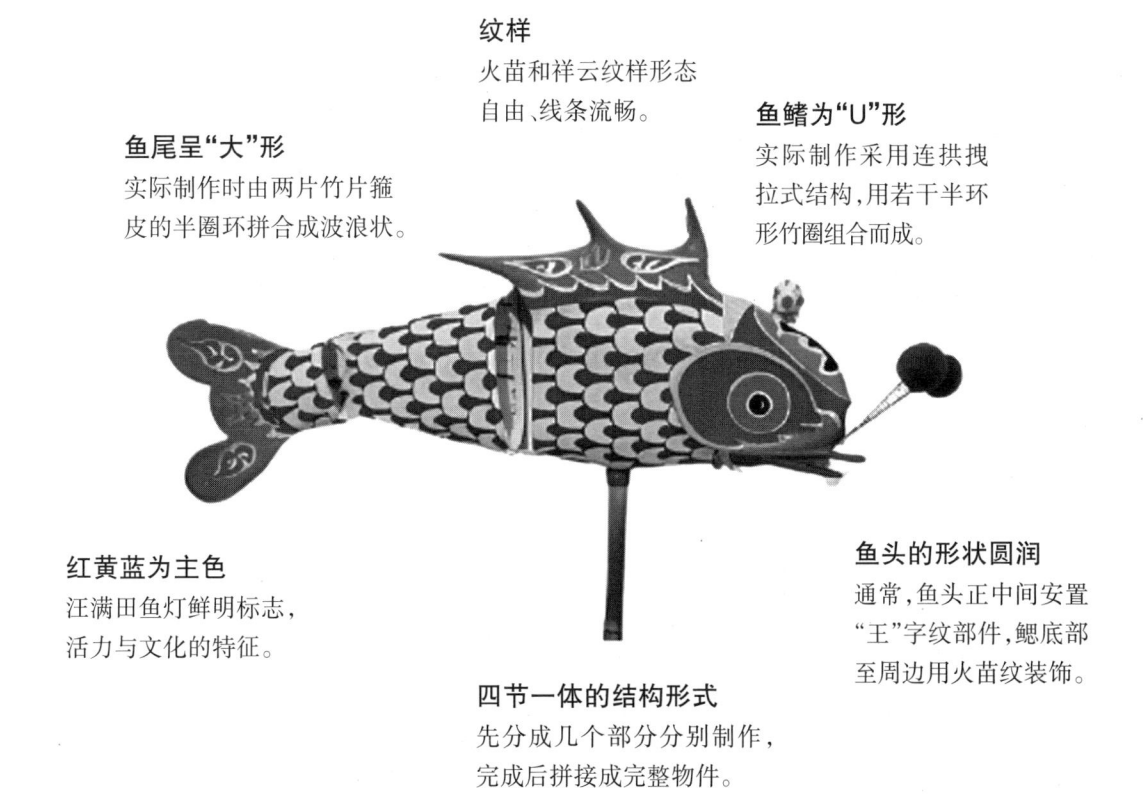

纹样
火苗和祥云纹样形态自由、线条流畅。

鱼鳍为"U"形
实际制作采用连拱拽拉式结构，用若干半环形竹圈组合而成。

鱼尾呈"大"形
实际制作时由两片竹片箍皮的半圈环拼合成波浪状。

红黄蓝为主色
汪满田鱼灯鲜明标志，活力与文化的特征。

鱼头的形状圆润
通常，鱼头正中间安置"王"字纹部件，鳃底部至周边用火苗纹装饰。

四节一体的结构形式
先分成几个部分分别制作，完成后拼接成完整物件。

图6-1 汪满田鱼灯结构

接着，他们基于汪满田鱼灯设计元素的基础，进行了新一轮的手稿绘制。数字化的展现方式突破了现实物理条件的限制，为设计提供了更大的发挥空间。他们通过三维引擎实现了嬉鱼灯效果，将侧重点偏向外观和表现效果，突破了现实生活的边界，引入了数字化的材质，进行了全面的数字化采集，包括外观、尺寸、材质、颜色等细节。这些工作通常借助高精度的三维扫描技术和摄影技术完成，确保虚拟世界中的鱼灯能够精确地反映现实中的艺术品。通过这样的传统鱼灯造型还原与再创作，采集到的数据被用来创建鱼灯的三维模型，并通过纹理映射技术添加真实的材质和颜色，使得虚拟的鱼灯能够和现实中的鱼灯一样具有质感。汪满田鱼灯的元素被数字化，并在虚拟世界中得到了展现。为使元宇宙中的鱼灯更加生动，还为它们添加了动画效果，比如游动的姿态和闪烁的灯光。同时，设计交互界面使用户能够通过虚拟现实设备与鱼灯进行交互，如观赏、拍照或是参与虚拟的鱼灯游行。这不仅保存和传承了汪满田鱼灯这一非物质文化遗产，还为之注入了新的活力和创意。（图6-2）

为了解决传承与发展的问题，他们还通过元宇宙搭建了虚拟展示平台。由于元宇宙是基于网络建立的，因而鱼灯的模型和动画都能够在云端进行处理和传输，从而确保了用户无论身在何处都能实时访问和体验。

这个平台不仅可以保存鱼灯节的文献资料，还能发挥元宇宙文旅的潜力，打造高沉浸感、有趣味性的虚拟鱼灯会。其中，通过数字化博物馆保存文献资料，以虚拟现实形式呈现非遗文化，能最大限度地保护文化遗产的真实性和整体性。

图6-2　汪满田鱼灯（1）

虚拟空间与现实空间的结合在汪满田鱼灯的传承中体现得淋漓尽致。随着互联网和数字技术的发展，汪满田鱼灯开始在虚拟空间中活跃起来。例如，通过在线平台和社交媒体，鱼灯表演的图片和视频被广泛传播，吸引了全球的观众。虚拟博物馆和在线展览也使得更多人能够了解和欣赏汪满田鱼灯的文化价值。

数字化传播将在元宇宙虚拟空间中进行。通过虚实空间交互技术，他们将增强汪满田鱼灯文化的体验感，为访客开放分享渠道。同时，元宇宙鱼灯会还将为汪满田鱼灯开辟新的盈利模式，如非同质化代币拍卖与交易、IP联动、无界创作等活动。此外，虚拟现实和增强现实技术的应用为汪满田鱼灯的传承带来了全新的体验。观众可以通过虚拟现实头盔或增强现实应用程序，身临其境地感受鱼灯表演的氛围，与鱼灯进行互动，甚至参与到制作过程中。这种创新的方式不仅增加了观众对传统艺术的兴趣，也为汪满田鱼灯的传承和发展注入了新的活力[1]。（图6-3、图6-4）

图6-3　汪满田鱼灯（2）

图6-4　汪满田鱼灯（3）

---

[1] 潘洁俐.元宇宙情境下的数字艺术研究——以汪满田鱼灯会文创为例[D].杭州：杭州电子科技大学,2023:74.

汪满田鱼灯，这个古老的民俗文化遗产，正在通过数字化手段焕发出新的生机。这个故事也将带给我们更多的惊喜和启示。当下，虚拟现实技术在各个领域发光发热，对艺术设计专业也产生了深刻影响，这些影响必然会给学生带来丰富的学习体验，同时创造新的机会。要尽快让学生掌握虚拟现实技术以适应新形势下的设计人才培养需求，提升学生的综合素质和实践能力，使他们更好地为未来人工智能驱动时代的到来做好准备。

案例二：随着科技的发展，借助于可供选择的多种平台，各类博物馆实现了"线上博物馆"建设，打破了博物馆游览物理空间的限制。2023年，甘肃省文化和旅游厅联合淘宝人生利用元宇宙数字技术，对敦煌文化进行推广，推出了元宇宙开放世界"明日之境"，并打造开放了线上首个旅游景点——元宇宙敦煌博物馆。

元宇宙敦煌博物馆，由淘宝人生与敦煌博物馆共同打造，旨在让更多人足不出户，就能身临其境领略敦煌魅力。整个元宇宙敦煌博物馆，以3D古风风格，完整复刻了十余个隋唐时期敦煌经典古风壁画场景，消费者可在不同场景中穿梭。同时，在不同壁画场景中还设置了多种小互动，在逛元宇宙敦煌博物馆时，可直接与壁画场景生动交互，模拟敦煌飞天，体验有趣的互动玩法。此外，消费者还可以通过拍照打卡、搜集碎片、兑换限量敦煌虚拟服饰等，装扮自己的虚拟形象，并有机会获得敦煌限量版数字藏品[①]。（图6-5）

传统博物馆中，参观者与展品之间是分明的主客关系，参观者与场馆之间的关系也较为单一。参观者为"主"的一方，对为"客"的一方的展品进行单方面游览学习，"主"在"空间"中，"空间"着重提供场所。与之比较，元宇宙敦煌博物馆构建的是一种"强在场"的游览空间，通过不同视觉交互技术相融合，实现了主体与场景之间的交互沉浸，参观者的空间参与性更强。用户视角进入APP淘宝人生功

图6-5 元宇宙敦煌博物馆宣传图

[①] 首个元宇宙博物馆上线淘宝,消费者足不出户感受敦煌魅力[EB/OL].(2023-03-15)[2024-01-11].https://www.thepaper.cn/newsDetail_forward_22303146.

能界面后，选择"游敦煌"图标并进入界面，虚拟立体形象灵动浮现在画面中央，可跟随手指滑动屏幕而改变观察视角，也可如"飞天"一般自由畅游在场景的任何高度，全方位地在场景中游览。静止状态与活动状态对应不同的敦煌手势与姿态，更让人身临其境。一方面，元宇宙敦煌博物馆是"虚拟的"。虚拟空间相对于传统实体室内空间来说，场馆不再是实体的室内空间，而是经由技术搭建的平台（类似游戏场景）。另一方面，它同传统博物馆一样是"现实的"。通过现实的技术成果，搭建主题场景，还原敦煌元素，同样发挥传统博物馆的场所职能（展览等），用户还可以通过线上交互，以游戏体验的方式与场景进行互动。电子游戏技术，是元宇宙的最直观的表现方式之一，不仅可以为元宇宙提供内容创作平台，还可以实现娱乐、社交场景的聚合[1]。淘宝人生联合各地文旅部门，为消费者提供线上旅游体验，元宇宙敦煌博物馆将敦煌经典IP与消费者场景的有机结合，有利于数字技术赋能，促进数字产业发展，提升"交响丝路·如意甘肃"品牌知名度和影响力。在"手机"承载的博物馆中，场景只是联系现实社会的一部分，其本质是通过元宇宙敦煌博物馆对敦煌文化进行传播，打造传统IP，提高品牌效益，实现多方共赢以及更为深远的愿景尝试。也就是说，元宇宙敦煌博物馆是通过改变线上场景、采用电子游戏技术的同时，扩充场所职能与社会效益，来模糊虚实边界，与现实产生联系的。

列斐伏尔认为社会空间是生活的空间，社会空间不是物质空间和精神空间的简单叠加，而是由物质空间和精神空间共同构建而形成的生活空间。在元宇宙敦煌博物馆中，借助手机媒介的"物质空间"，可以通过"挑战关卡"来收集"碎片"，用于兑换可穿戴在虚拟人物身上的数字藏品，并体现在场景中。参观者之间相互可见，并可在场景之中聊天交流、拍照留念，形成特定主体下的精神空间。"空间里弥漫着社会关系；它不仅被社会关系支持，也生产社会关系和被社会关系所生产。"[2]元宇宙敦煌博物馆背后的虚拟世界不仅是数字化呈现客观事物，更是一种综合性的社会体系，是建立在实体社会的框架之上，并在自身运行中孕育新要件，产生具有突出性质的虚拟社会结构[3]。

元宇宙敦煌博物馆（虚拟世界）除了改变了参观者、文物、场景之间的关系，生成了现实世界新的社会关系之外，也模糊了现实世界与虚拟世界的边界。虚拟空间是现实世界通过技术而生成的视觉产物，现实世界的敦煌文化元素又为元宇宙敦煌博物馆提供了元素及范本，充分体现了空间是元宇宙构造对象的形式，元宇宙是一个非自然意义的空间[4]。此外，类似的元宇宙展馆空间不断挖掘资本价值，生产数字藏品及数字藏馆，商品及其保存方式也在产生全新的变化，文旅相关信息IP

---

[1] 王文喜,周芳,万月亮,等.元宇宙技术综述[J].工程科学学报,2022,44(4):744-756.
[2] 包亚明.现代性与空间的生产[M].上海:上海教育出版社,2003:48.
[3] 戴丽丽.元宇宙赋能学习空间变革:动因、特征与形态[J].基础教育,2023,20(3):52-59.
[4] 杨庆峰.元宇宙的空间性[J].华东师范大学学报(哲学社会科学版),2022(2):47-58.

与元宇宙相结合，有助于传统文化在时代潮流中的传播与发展。

第二节 空间的政治性

一、从"地方"到"类地方"：现代化进程中我国传统村落的空间重构

围绕"地方"的阐发是空间研究的基础。空间是人类与周围环境相互作用生成的，全球化空间与地方性空间相互冲击，重塑着人们的行为方式。中国的空间问题研究是在西方的空间理论基础上发展起来的，并有其特殊性，它指涉为宇宙认知、社会关系、文化惯习和意识形态，即空间为秩序[1]。近几十年来，针对传统村落的"地方""空间"等方面的研究突飞猛进、成果丰硕，为传统村落空间的探讨搭建了实证性的、人本性的、结构性的分析框架，回应了学界将村落的空间与地方研究中止于空论，也确实令我们发现村落空间研究的巨大潜能。在我国的现代化建设中，规划虽然在很大程度上对城乡风貌进行了改善，但它同时也具有负面效应，诸如城镇化、新农村建设、古村落保护等工程项目，造成了传统村落出现千村一面的状况，破坏了村落的空间结构和内生秩序。此处选择"国家传统村落"——西双版纳曼旦傣族村作为案例，来讨论传统村落的空间从"地方"到"类地方"的变迁过程，旨在为当前中国地方实践提供有益借鉴，实现现代化进程中中国景观规划的目标。

（一）曼旦村落空间的"地方性"特征

"地方"是一个特殊的空间体：它是一种人群聚合的栖身物，是一种群体现象的组合体，是一种恒久价值的凝聚系。在各个稳定的空间体内，其内部反映了对应的地理现象、文化需要、情景分布、价值吸引等。"地方"的形成是当地人进行实践活动过程所创造的价值体系、意义系统与现实经验，它持续塑造、刻画并革新着空间体内的人群，同时也使之取得身份认同与情感归属。人文地理学者认为，空间和文化二者间隐含着系统性的共变与共生关系，"地方"呈现出文化的诸种空间样态、经验与写照，文化的形塑与意义直射于相异的空间构图中，作为"地方"的根基。亚历克斯·英克尔斯把村落看成是群体聚居于相对稳定的地理边界内，并呈现出坚实且凝集的交互效力，产生逾越个人价值的情感，拥有地缘而非血缘基础的认同感和归属感[2]。在这个空间尺度内，村民无形的惯习与日常通过有形的聚落形态展现出来。"传统村落空间"在长期的生活实践中，形成了地方性文化特征，可作为一个多重类型的集合体，分为自然生态、社会活动、生计模式和文化信仰四种类型。之所以做这样的划分，是因为自然生态是人们生存的根本，它以生态环境为基础，主要由气候、土壤、河流、动植物等构成。人类在改造自然的过程中，形成

---

[1] 冯雷.理解空间：20世纪空间观念的激变[M].北京：中央编译出版社，2017：2.
[2] 亚历克斯·英克尔斯.社会学是什么？[M].陈观胜，李培茱，译.北京：中国社会科学出版社，1981：100.

人与人的社会关系，人随即具有了社会性，在实践中与他人合作，建立联系。生计模式是提供生产活动、建立经济关系的场所，人们以此获取生活资料，形成具有功能结构形态的集合体[1]。信仰的诸多要素表现为一定的秩序和结构，这是人对世界的时空关系，信仰为社会的意义生成和秩序的构建提供了基础的空间条件，而且，信仰本身作为社会系统，在建构、交流和循环的实践中表征了信仰的文化意义，既指信仰的概念和认知，也指生存价值和宇宙体系[2]。曼旦村亦是如此，内向封闭、组织严谨、界限分明。上述四种空间类型构建了曼旦的村落空间，体现了海德格尔所推崇的存在主义"栖居"状态，即一种自我存在的隐喻，它剥离了流动性，形成了独特的地方体验，是促成文化意义与获得身份的重要环节[3]。在曼旦人的观念中，林、水、田、粮四种自然物与人的生存最为密切，并形成林—水—田—粮—人的自然生态链条。曼旦村的村落空间呈现严格的边界性和封闭的内向性特征。村落的生计模式体现为以稻作农耕为主，种植产业成为村民们的主要收入来源。其"双重"信仰体现为佛与神的共同构成，佛处于村寨外部，神在不同的空间层次对家、寨、勐进行守护，其空间表现为家神—寨神—勐神的同心圆结构。百年来，曼旦人生活于纯粹的文化空间中，形成价值观念与意义体系恒定下来的"地方"。

（二）曼旦村落空间的"地方根植性"

人们在熟悉的场所能够获取阅历、抚养、教育和经验，这些是人的需要之根本。人把熟悉的场所当作"家"，随之，作为"家"的空间有了意义和价值，谓之"地方"。地方未必清晰可见，但可利用诸种途径使之显现出来，诸如与他群发生矛盾，利用标志性视觉要素凸显独特之处，发挥仪式的作用强化地方意识。这些有目共睹的行为、个人及群体生活的向往、功能性愿望和地景的塑造能使之变得显著明晰。曼旦社会的自我建构是在以原始宗教与南传上座部佛教的双重信仰为核心的宇宙结构中形成的，"万物有灵"是傣族先民在不断的生活实践中形成的原始信仰，他们赋予自然物以生命和灵魂，形成林—水—田—粮—人的自然生态景观。曼旦村的祭寨神仪式体现出排他的特性，祭祀期间，佛和非本村人员被严格地排除在村寨空间之外，体现了傣族村寨空间的封闭内向性。曼旦人的家屋空间、家屋内的社会关系和身体充分展现出傣族的"双重"信仰对家屋社会建构的影响。曼旦人在社会实践和自我塑造的过程中，从物质形态中逐渐萌生出支配村落社会稳定发展的动因，建立起标志性的景观样式。百年来，他们在宇宙之间与自然、神灵往来交锋，流露出"赕"[4]的立体叙述。"赕"是曼旦人在村落时空维度表达的"佛—人—神"三者之间的生命交流，它承担着这一群体的集体精神，呈现了人和天地的相融相

---

[1] 王成,李颢颖.乡村生产空间系统的概念性认知及其研究框架[J].地理科学进展,2017,36(8):913-923.
[2] 董琳.宗教文化中空间的符号表征和实践[D].北京:中央民族大学,2013:9.
[3] MARTIN HEIDEGGER.Poetry, Language, Thought[M].New York:Harper and Row,1971:114.
[4] "赕"是古印度的佛教语言，"奉献"之意，是信徒向庙宇捐献财物，以求消灾赐福的行为。

生，是人对周遭的领悟和本体能动性的表达。"赕"维系着曼旦人的社会活动和社会关系的建构，维系了曼旦村的地方系统性，对曼旦人来说，村寨的物理边界不但得到了巩固和加强，且提高了村民的集体凝聚力和自我认同感。

曼旦村所体现的傣族的文化信仰呈现的是群体生命孕育过程的恢宏景象，展示的是恒久历史故事中独特的生命景观，它指引着人们维系并朝向生命。信仰是形成曼旦村的"地方"特质或特征的重要元素，它储存着曼旦人的时空往复，以独特的魅力支撑当地人在此生存、繁衍。傣族的文化信仰和宇宙观念为曼旦村鲜明"地方感"的形成和发展打下了基础。傣族自古以来保留下来的传统习俗、地域文化，通过群体的情感经验、观念意识呈现出来，并浸透于村民内心，形成傣族村落共同的"地方性"特征，是构成傣族共同体的根本，成为维持傣族地方性的基础。

"地方感"集中反映了地域、文化与心境彼此融合生成的空间形式，表现出"地方"的集体观念。根据情感与行为，萨迈把"地方感"的等级分为四个：第一，缺乏级，对该地略有所知，是最浅显的认识；第二，归属级，了解该地，并对该地有情愫；第三，依恋级，对该地有浓厚的依恋感；第四，牺牲级，情愿为该地牺牲[1]。笔者认为曼旦村民地方感强度属于第四个等级。曼旦村的地方感是由其自然生态、社会活动、生计模式和文化信仰四个维度构成的结构特征。文化信仰是根植于其地方感的重要因素，这与傣族长期的历史实践有着千丝万缕的联系，使其在曼旦村地方感的形成中起着特殊的作用。从一定意义上说，文化信仰承载的是傣族的历史，和傣族人对其历史的认同。哈希姆内扎德将"地方感"从低到高分为认知级别、行为级别和情感级别[2]。笔者认为曼旦村的四种空间类型与这三个级别相符：自然生态是人们对环境最基本的感觉、认知和定位，其被归于认知级别；社会活动和生计模式是人们与环境在互动进程中，利用环境满足基本生存需要，被归于行为级别；文化信仰体现出地方价值，传达了人们对所在场所的认可度，被归于情感级别。所以，文化信仰根植于傣族人的情感体验中，是傣族人形成"地方感"的本质，是维系曼旦村作为傣族村寨的核心，自然生态、社会活动和生计模式都是围绕它建构的。曼旦村的空间构成使其形成独特的地方，村民切身参与其中，将空间要素内化于头脑、根植于内心、存在于感觉，展现出村落从"空间"到"地方"的生成过程。

（三）曼旦村落空间的"地方过程性"

"空间"既繁复又抽象，知识、阅历、经验造就了不同的个体，使他们在衡量价值、分配价值、获取价值等方面存在差异。个体会就自身的处境来规划、安排空间，利于保障生理、心理需求。而今，空间的交互性与归属的多元化均在扩大，简单的、纯粹的、凝结的"地方感"与"认

---

[1] SHMUEL SHAMAI.Sense of place:an empirical measurement[J].Geoforum,1991,22(3):347-358.
[2] HASHEM HASHEMNEZHAD, ALI AKBAR HEIDARI, PAISA MOHAMMAD HOSEINI."Sense of Place" and"Place Attachment"[J].International Journal of Architecture & Urban Development,2013,3(1):5-12.

同感"，是在有意识地回避社会发展变迁中的不稳定性。现代化是社会发展过程逐步推进的结果，实践主体赋予外部空间"地方性"情感联系，把自身的基本需求、观念意识、情感依恋映照于外部世界，形成独有的空间现象，即繁杂的观念、情绪和立场。它所带来的空间生产现象，不单指物理空间的生成，还囊括了社会中各要素和环境之间的交流、互动、影响与蔓延，使人地关系发生变化。

目前，我国的现代化建设对纯粹的"地方感"造成了一定的影响。根据笔者在曼旦村长期的田野观察和访谈得知，我国走向现代化后，国家力量的注入使曼旦村产生了空间变迁，曼旦村在景观形态、构成因素、结构功能等方面都发生了很大的变化，主要体现在自然生态和居住环境的变化，而在这些外在变化中，始终维系着傣族村寨的因素是文化信仰。人们因片面追求经济效益而忽视了对林、山、水、田等的保护，但在自然生态被破坏的情况下，人们始终保持着对寨神林的禁忌和崇敬。随着时代的发展，作为村寨空间构成要素的水井和歇脚亭被废弃，而寨心、佛寺、寨神林被看作具有控制性的"中心"保留下来；家屋的更新换代成为曼旦村的必然趋势，家屋内的神圣空间不得更改，以及家屋内部原则、左右原则和高低原则在变迁中保留了下来；如今，随着经济作物和橡胶的引入，曼旦村的水稻产量少之又少，但祭祀"孤魂婆婆"和赕新米[①]的习俗一直传承着；在信仰方面，青壮年一代的信仰观念趋于淡化，但在村民心中的信仰习俗不能变。我们将作为"地方"的曼旦村置于现代国家空间关系中，在变迁过程中，它选择性地废弃了某些村寨元素，进行了地方重构和村寨空间再造。

空间是被实践的地方。空间散发出一股神秘动力，表现出宽广的、难以捉摸的价值，它常以背景性角色出现，但它却潜移默化地改变了人们的生活方式。当下，我国正经历着现代化转型，人们固定在某个地点已成为空想。萨义德认为，"去地域化"是人们目前的存在方式，这导致人们面临"无家可归"的生活状况[②]。国内研究者将这种"去地域化"看作"拔根"的经过[③]。从曼旦村的空间变迁，我们认识到，现代化对曼旦人原本的生活日常和信仰日常产生了一定的影响，21世纪以来，商品消费社会带给我们全新的体验，吃穿用度由自产变为购买，激发出人们的消费观念与物质欲望，与外部势力的权利纠葛和商业矛盾愈加明显，互联网与大数据带来了全球化的共鸣，传统的有形界限被打开，全世界的信息流不断涌入，小小的村落容纳了包罗万象的讯息；同时也使得人们对精神需求愈发淡漠，漠视生长于此的归属感。村落的传统文化正逐步割

---

① 赕新米：丰收后，村民向庙宇奉献新米。
② EDWARD W SAID. Zionism from the Standpoint of its Victims[J]. Social text, 1979(1): 7-58.
③ 黄向、吴亚云《地方记忆：空间感知基点影响地方依恋的关键因素》，朱军《"地方"终结了吗：空间理论的辩证思考》，郑少熊《草原社区的空间过程和地方再造——基于"地方—空间紧张"的分析进路》等。

裂，维系其中的亲缘、地缘与业缘正遭受摧残，熟人社会中的礼仪、纲常、信仰等日渐式微。

新马克思主义地理学代表人物多琳·马西提出"全球的地方感"，这是一种更辩证、开放的本土性想象和社会空间实践。这对于"逆全球化思潮"的纠偏以及人类命运共同体的建构具有启示意义。它源自对哈维提出的"时空压缩"的驳斥，并指出"全球的地方感"需要重建理解空间与地方的时空压缩"权力几何学"。"全球的地方感"一反其道的后现代视角，既胸怀全球又留恋地方，此概念摒弃了以往"全球化"和"地方性"在原理上的对峙，是一种更为开放与进步的对地方的新认识。地方与空间分别体现出的静止性与移动性无须对立，群体的运动充斥着权力的博弈，它不仅涉及资本，而且将纷繁交织的社会关系卷入进来。的确，"地方"理应被看成是社会交往的集合体，不应被权力割裂。朱军归纳出这种"全球的地方感"的特性：第一，"地方"绝非稳定的，它是"过程"的演化结果；第二，"地方"是地方以外的空间界定的；第三，"地方"充斥着内部矛盾，是传统的、认同的与文化的地点；第四，"地方"的交流定义出它的个性，其个性被持续再生产；第五，"地方"的再生产必将依托社会关系与空间结构的再造[1]。简而言之，"地方"是人与环境的过程性塑造，其内部关系不停地在磋商、争执中认可身份的特殊性。

（四）曼旦村落空间的"类地方性"

空间的瞬息万变，要求我们顺应其内在的主客观规则。段义孚认为空间与地方二者对立统一，在人的生存中相得益彰、珠联璧合，人们的日常是存在于"地方"和"空间"的辩证活动[2]。人类社会已由纯粹的自然空间转变成复杂的社会空间，是人类利用自然和组织社会的空间形式。20世纪初，有学者关注到人的能动性与空间的组合关系，涌现出了都市化空间与全球化空间，使得传统社群中人们所养成的惯习、观念、活动等存在方式发生了改变[3]。要想获得更广阔的发展前景，抑制自身的情感经验与恋地情节是在所难免的。马克思用"类存在物"来指代这种由自然属性转变为社会属性的人的存在方式，与此同时，他还用"类特性"来表达人类改造世界的主观能动性，以及社会空间相对于自然空间的复杂性[4]。笔者认为，"类"表达的是在外力下，赋予单一的载体林林总总的模式。海德格尔和雷尔夫表达出"无地方性"的观点，即全球化时代

---

[1] 朱军."地方"终结了吗：空间理论的辩证思考[J].文艺理论研究,2020,41(3):136-144.
[2] 段义孚.空间与地方：经验的视角[M].王志标,译.北京:中国人民大学出版社,2017:1-4.
[3] 张康之《基于人的活动的三重空间——马克思人学理论中的自然空间、社会空间和历史空间》，郑佰青《西方文论关键词：空间》，余汝艺、梁留科、李德明等《旅游种群的入侵、继替与古村落空间秩序重组研究——以徽州古村落宏村为例》等。
[4] 中共中央马克思恩格斯列宁斯大林著作编译局.马克思恩格斯全集 第四十二卷[M].北京:人民出版社,1979:96.

地方"本真性"的消逝[1]。哈维对此进行了反驳，哈维把空间看作是浸润于社群形成进程中的最关键的因素[2]。这个观点对村落的研究具有重要的价值，如今，即使是荒僻、偏远的聚居地，也难免经受现代化时空快速转化的洗礼，村落内部空间在与外部力量的交织、蜕变中，表达出内与外的互动情形和结构样态。对此，哈维提出"类地方"的概念，他认为"地方"变幻为各种"类地方"，并指出各"地方"之间的区别并非以保留纯粹的"地方性认同"为目的，而在于与时空压缩下的资本同质化相抗衡[3]，从这个角度看，"地方"成为对抗权力的物体而获得价值[4]。

曼旦村落空间的"地方"重建，与"空间"和"地方"的对立统一形成对照。乡建应如何介入"地方"？又如何在改善人们的生活水平和居住环境的同时，坚守"地方性"？曼旦村在现代性下，某些空间类型发生了改变，文化信仰得到坚持，仪式作为人们对空间的实践有可能唤醒"地方"认同，维持了其作为傣寨的核心要素，而自然生态、社会生活和生计模式发生了多重变形，形成哈维提出的"类地方"。曼旦人从小就生活在"双重"信仰的影响下，接受该文化信仰的塑造，不断进行着"外在性的内在化"。即使自然环境、社会环境都发生了变化，但由于信仰这一惯习所具有的持久性、稳定性，使其在应对外在变化时产生抗拒，使得信仰惯习保留下来，维持了地方性。曼旦村的空间变迁并未从根本上改变傣族村落社会的特征，其主流价值观仍然以文化信仰为首要原则，生产等经济性质的活动，附属于信仰伦理和道德评价话语体系。

村落内七零八落的日常映射出内部的乡土逻辑，杂乱中隐现规则，其体现的是人们司空见惯的日常观念和行为活动。乡土逻辑是村民熟知、解释和架构自身空间的基础，是守护传统文化、历史文脉和村落记忆的核心。所以，现代化既要达成聚落本体的外在优化，又要使村民的内心思绪得到抚慰，将村落营造成具有人本性、文化性的地方性空间。要实现这一目标，其一，人们必须恪守人地共生的原则，杜绝简单粗暴的发展模式，促进人地和谐生长；其二，不再关注纯粹的"地方感"，在现代化和全球化的双重背景下，单纯的"恋地"已不复存在。

（五）"现代化地方感"概念的提出

"地方"成为一个中心点，也被理解为"价值感的中心"，在与外界取得交流时，它成为价值的载体，为"地方感"获取了更宽广的解释空间。从本体论上说，"地方"与"栖居"的观点不谋而合，栖居被认为是社会关系形成的结果，"地方感"则是人们在栖居状态下通过劳动产生

---

[1] 参见孙周兴选编《海德格尔选集》及雷尔夫著作《地方与无地方》。
[2] 张骁鸣.论哈维对海德格尔"地方"思想的一次学术建构[J].人文地理,2013,28(6):29-35.
[3] 朱军."地方"终结了吗:空间理论的辩证思考[J].文艺理论研究,2020,41(3):136-144.
[4] 钱俊希,钱丽芸,朱竑."全球的地方感"理论述评与广州案例解读[J].人文地理,2011(6):40-44.

的情感，人地之间发生同构。传统村落的系统性、体系性，以及与外界互动的关系性，均是在良久的"栖居"实践过程中发展出来的，它们成为认定"地方感"优劣的标准和构建日常价值的根本，也成为国家权力自上而下的革新目标。全球化时代地方感的重塑深刻影响了人类的美学经验。现代交通、信息媒介、大众文化，助长了"无地方性"美学的扩散。马克思主义空间论者认为，"地方"因发生扭曲而更为凸显其价值，成为重构感觉经验、生活情景、社会关系的基础。当下我们需要摒弃对"地方"偏激的解释，保持对"地方"非比寻常的欣赏。人类活动、技术进步和社会变迁不断引起空间重构以及自然人文景观的改变[1]，因此，空间具有社会关系及社会身份属性。村落日常生活的空间性实践正被现代性和后现代性所笼罩。在城镇化空间中，始终蕴含着人与地的关系，空间格局的变化呈现了地方的环境意向和景观轨迹，村落空间变迁轨迹使人类与自然景观保持可持续发展的深远运行。在现代化背景和城镇化进程中，村落内出现各种名目繁多的建设，如村村通系统、新农村建设、饮水清洁设施、通讯信息设备等，文化流、信息流、资金流和物流涌入村落，村民的交际圈被无限扩张，形成新的利益群。这也使得村民的自主性意识得到加强，在利益的驱使下，村民往往以牺牲地方价值为代价，导致传统的生存方式遭到破坏。简言之，人与社会、人与人的关系愈发密切，人与自然则愈加陌生。现代化在提高村民生活质量的同时，也使得村落的自然生态、社会活动、生计模式和文化信仰发生变迁，产生空间重构。空间重构受到自然、经济和社会等客体系统因素的制约，包含自然、社会、生计和信仰四个子系统。同时，四个子系统又与关键行为主体互动，受到村民的择居行为、生活方式、生计模式等综合作用的制约，共同塑造了村落的空间体系。现代化建设打乱了原有村落空间体系和村民原本的日常生活秩序。随着现代社会的快速发展，"地方感"的价值日益被忽视，并面临诸多挑战。

为实现现代化建设，国家必定要增加新物质以达到由"地方"到"空间"的转化，这是对市场空间下人们生存现状的考量。然而，地区也具备地方抵抗的能力，在参与现代性重组的过程中，对传统文化进行再利用，对传统时空进行再重构。从曼旦村的空间过程来看，地方在一定程度和水平上延续了其内在价值与意义。张亚辉等分析了费孝通和理查德·H.托尼二人在我国现代化建设思想上出现的分野，指出中国只有走向现代化，才能得到足够好的发展前景。张亚辉等认为我国村落的现代化路线，事实上是村落走向市场空间的标志[2]。目前，有学者更倾向于把"地方"刻画成为有价值的地点，把空间想象成阔

---

[1] MERRITT ROE SMITH, LEO MARX. Does Technology Drive History? [M]. Massachusetts: MIT Press, 1994: 107-111.
[2] 张亚辉, 庄柳. 从乡土工业到园艺改革——论费孝通关于乡村振兴路径的探索[J]. 厦门大学学报(哲学社会科学版), 2020(1): 60-68.

别的场所[①]。对此，笔者尝试打破该对立关系的缺陷，提出"现代化地方感"的概念，曼旦村的空间变迁体现出国家和地方的空间过程协调措施，这是一种国家和地方形成的变通的让步，认为国家在现代化发展进程中，虽然以国家的空间过程占主导，并且将会一直持续下去，但国家政策反映出对地方传统的包容和大度，这使得地方能快速接受并建立起与之融合的新模式。

我国的现代化进程推动"国家传统村落"空间重构，这种结构化空间包括物质性空间和非物质性空间，它是现代社会问题的浓缩和聚焦。考虑到我国独特的制度演化路径和社会经济结构，村落机理的构成和运作方式迥异于国外。"现代化地方感"的重建路径是政府"自上而下"的引导和村民"自下而上"的诉求双方的融合，建构"以人为本"的与"自然生态—社会活动—生计模式—文化信仰"相契合的框架（图6-6），为"现代文明＋传统继承"村落重构建设提供理论指导。在思路上强化村落空间重构驱动机理的系统性整合化研究，以"当地人"的原生主体性地位为空间格局的有机融合为目标，在以自然为基础、社会为依托、生计为保障、信仰为核心的组合博弈和关系互动过程中，深入结构因素作用的背后，考察四种空间类型之间的权力运作和利益冲突等行为过程对传统村落空间重构的驱动作用，在人与空间的行为与互动关系中解析四种空间类型在城镇化进程中的不变与变迁，建构"现代化地方感"的重建机制，这是城镇化进程中中国景观规划的目标。

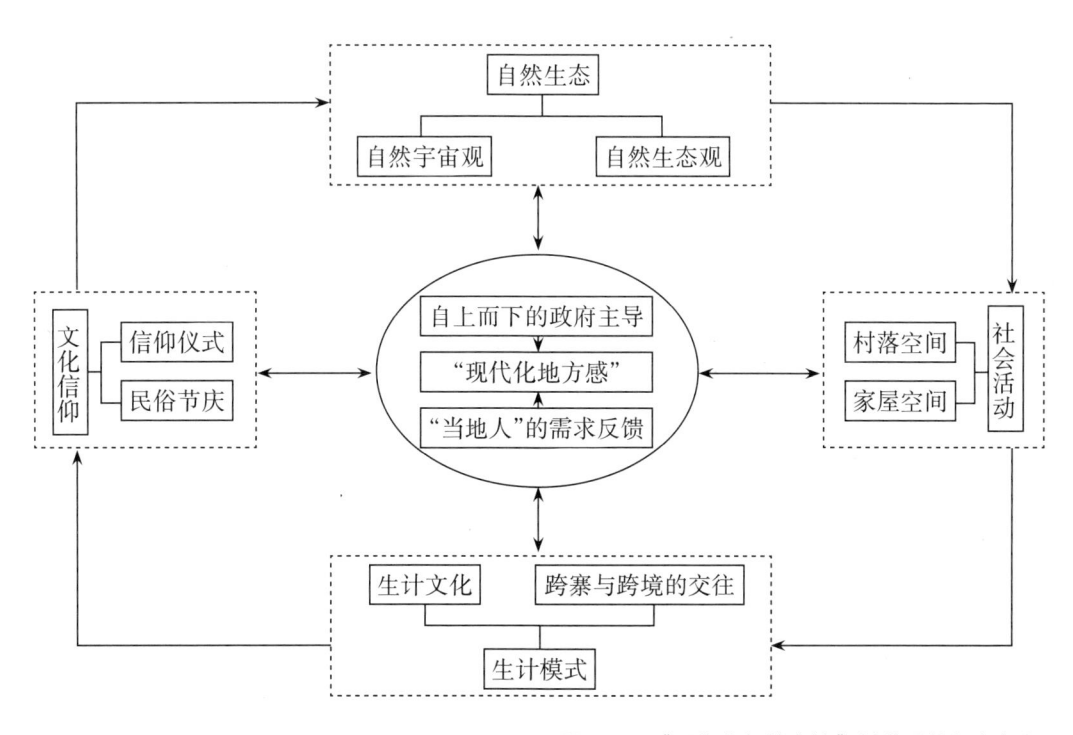

图6-6 "现代化与地方性"村落重构运行框架

---

① CHRISTOPHER DOLE. Revolution, Occupation, and Love: The 2011 Year in Cultural Anthropology[J]. American Anthropologist, 2012, 114(2): 227-239.

（六）结语

我国村落多样且丰富，曼旦村为我国现代化背景下，中国传统村落的保护提供了一个正面案例，为当前中国的地方实践过程给出了积极的参考。曼旦村呈现出的物质性空间反映的是村民对宇宙认知的符号、对现实生活的功能性演绎。笔者认为曼旦人的认知体系呈同心圆结构，宇宙观和文化信仰位于最核心圈层，这两个层次是最稳固的，傣族的宇宙观与傣族人的信仰认知互相影响，作为传统力量与现代化抗衡，是维持傣族地方性的核心要义。它们规约着曼旦人的自然生态、社会活动和生计模式，形成曼旦村落空间形制的变迁逻辑（图6-7）。

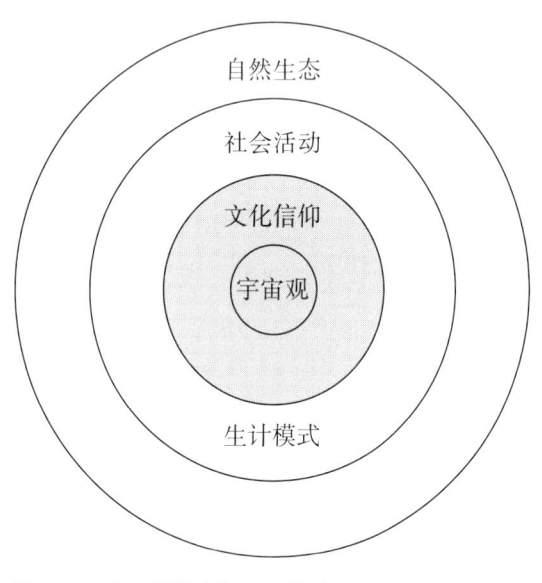

图6-7 曼旦村落空间形制的变迁逻辑

传统村落中隐藏的乡土逻辑和观念规则并不是墨守成规、亘古不变的。现代化过程使村落空间中的客体变迁，即自然、信仰、社会、生计等变迁，使得村落空间发生重构，在乡土规则的制约下，塑造出新的空间样态。地方空间在构建村落集体记忆的同时引导村落不会在现代社会发展中迷失方向，从当地的乡土特质出发，以原生性主体为主导，发掘并传承自己独有的村落特色，并在原有村落的形态上通过改善生活条件来提升人们的主观幸福感，有助于增进村落空间认同，提升村落的凝聚力和人们的文化自觉性，从而在保留乡土特质和维护乡土空间真实性的同时，实现村落空间的良性发展。

综上，20世纪70年代，西方理论学界出现"空间转向"，人们试图以空间性思维重新审视社会。在全球化和现代化背景下，传统村落空间的存续面临挑战。曼旦人在长期的实践中，形成"地方性"特征，这种"地方根植性"源于文化信仰认知下的结构秩序，它影响着村落的自然生态、社会活动和生计模式。在空间变迁中，文化信仰被注入新内容而表现出新活力，成为维持曼旦传统空间的内生动力，"地方"逐渐发展为人与环境的"过程性"塑造。曼旦村体现出的内在乡土逻辑和自身变迁规则，在现代化过程中凝成群体特定的观念与思维，成为对抗同质化的筹码。笔者提出"现代化地方感"的概念，认为"地方性"特征并非旨在保全地方原本的认同，而在于与村落同质化抗衡，是村落空间既葆有"地方性"又具适时变迁的基础，形成"类地方"。

显然，地方主义与排斥主义的理论局限性已无法解释"现代化地方感"的存在，"类地方"理论在驳斥其局限性的基础上，展现出以"地方内在价值感"的独特性来与资本无尽伸展相抗衡以获得应有的"地方性认同"，而非以表面呈现出的区别来树立"地方性"标志,在这点上"类地方"理论无疑是先进的。但此方案在实践过程中也面临着巨大的困境,以地方重建理论来谈社会替代方案显然存在缺陷。即便如此,哈维的"类地方"仍然可以作为一种理论,为今天的中国现代化地方实践提供指导依据。

二、"看"城市:勒·柯布西耶与简·雅各布斯

勒·柯布西耶,20世纪著名的建筑大师、城市规划家和作家,是现代建筑运动的激进分子和主将,也是现代主义建筑的主要倡导者,机器美学的重要奠基人,被称为"现代建筑的旗手",功能主义建筑的泰斗,"功能主义之父"。

在1929年第二届国际建筑师大会报告中,勒·柯布西耶和皮埃尔就以攻击传统的房屋建筑开始:"贫困和传统技术的不足导致了力量的混乱,也就是各种功能的人为混合,各部分之间没有真正关联……我们要寻找使用新的方法,使它们自动走向标准化、工业化和泰勒制式的制度化……如果我们还坚持现有方法,使两个不同的功能相互混合或依存,即安排、布置与建筑,循环与结构,我们仍将停留在原地。"

功能的分割可以使规划者清楚地考虑效率的问题。对于勒·柯布西耶来说,"人类的幸福已经存在于数字、数学、经过计算的设计和规划等术语中"。勒·柯布西耶认为住房是居住的机器。他根据自己的认识为其他人设计了基本需求——在现有的城市中有些是被忽视或违背的,这些基本需求是通过建立一个具有某些特定物质和生理需求的抽象简化的人类概念制定出来的。他说:清晰的几何学城市会协助警察的工作。

以巴西利亚为例,它是从零开始建设的城市,是巴西联邦共和国首都,建城于1956—1960年,以新市镇、城市规划方式规划兴建,也以大胆设计的建筑物及快速增长的人口而著名。它是最为接近极端现代主义的城市——功能单一、严格的行政首都,所以规划大为简化。巴西利亚不再有作为公众聚集场所的街道,只有机械化交通工具使用的道路和高速公路。城市中所有的公共空间都成为官方指定的公共空间,这些空间往往是"死"空间。它是一个没有拥挤人群的城市,"缺少街角",失去"社会欢聚之点"。建筑师不仅消除了表现地位的外在差别,也消除了大部分视觉差别。建筑的重复和统一更加使人分不清方向。

我们再将目光转向简·雅各布斯。简·雅各布斯是美国记者、社会活动家,被认为是新城市主义的代表人物之一。简·雅各布斯的著作《美国大城市的死与生》出版于1961年,正值反对当时现代主义、功能城市规划浪潮的时期。简·雅各布斯的批评最著名和最有力之处是其独特的视角:她从街道开始,对邻里、人行道和交叉路口作微观民族志研究。

她观察到,几何学的整齐外表与满足日常生活需求的有效系统之间并不一定存在对应关系。规划者最根本的错误在于认为建筑形式的复制和标准化,也就是纯粹

的视觉秩序即意味着功能秩序。事物的"秩序"要由所要达到的目的决定，而不是由纯美学的表面秩序决定。

规划者的城市概念既不符合城市地区的实际经济和社会功能，也不符合居民的个人需要。他们的根本错误就在于他们关于秩序的整体美学观点。对于规划活动来说，设计单一用途的地区比设计众多用途的地区要容易多了。减少用途，从而也就减少了所涉及的变量，这种减少与视觉秩序的美学结合在一起，造成了单一用途的教条。

现代城市规划从开始就带着不现实的目的，要将城市变成纯粹的艺术工作。秩序体现在日常实践的逻辑中，地方层面上随意的公共联系多数是偶然的，是人们相互认同的感觉，是相互支持和信任的网络，是能及时满足个人和邻里需要的资源。

简·雅各布斯的口号是多样化、交叉用途和复杂性（社会的和建筑的）的。居住地、商业区和工作区的相互混合使邻里更有趣、更方便，也更惬意——吸引了步行者，反过来也使街道比较安全。她的全部逻辑在于拥挤、多样和方便的产生，这种安排是人们所希望的。多样性的条件是那个地区必须是混合用途的。不同用途错综地交结在一起并不是混乱，相反，它们代表了秩序的复杂和高级发展的形式。简·雅各布斯所批评的城市规划者空间分割和单用途分区背后的逻辑既是美学的、科学的，也是实用的。

在简·雅各布斯的观点中，城市作为一个有机体，是一个充满活力的体系，它持续变迁，不断展现奇迹。其内部网络之繁杂，难以洞察，城市规划的失误可能割裂其生命力，进而破坏重要的社会功能。城市不应被视为艺术创作，生活本身多维且复杂，而艺术则具有随意性、象征性和抽象性，两者各自拥有独立的价值观和内在的条理与连贯性。然而将艺术与生活混同，既不构成真实的生活，也不成为纯粹的艺术，而是变成了标本化的技艺。

综上，我们可知二人观点的分歧。

勒·柯布西耶：人类的幸福已经存在于经过计算的设计和规划中。

简·雅各布斯：反对现代主义、设计规划浪潮。

勒·柯布西耶从空中"看"他的城市，而简·雅各布斯像是日常巡回的步行者一样来看她的城市。

勒·柯布西耶从上开始其正式的建筑秩序，而简·雅各布斯则从下开始其非正式的社会秩序。

你同意谁的观点呢？

第三节　空间的不平等性

一、傣族聚落空间中的"力"

权力是空间中的一种力量，杜赞奇认为权力是一个中性概念，是指个人、群体和组织通过各种手段获取他人服从的能力，这些手段包括暴力、强制、说服，以及继承原有的权威和法统，所以它是宗教、政治、经济、宗族、亲属等各种无形的社会关系的合成。那么，权力与聚落空间的生成有什么关系呢？下面通过一个位于中老边境的傣族聚落进行讲解。这个寨子叫曼旦，坐落于云南省西双版纳州勐腊县勐腊镇，它位于山谷之中，整个寨子的宅基地被田地、林地和森林包围，周围有十五座大山，有两条河流流经。所以曼旦有以下特点：远离城市、四周环山；旅游尚未开发；地方传统特色突出。笔者将从以下四个方面来讨论傣族聚落空间中的"力"。

（一）聚落空间的人格化特征

傣族村寨与人一样是一个生命体，应有头、尾和心脏，呈现出人格化的特点。因此，设寨头、立寨心、定寨尾，成为村寨的三个节点，这三个节点决定村寨的空间形态，控制村寨的走势。傣族村寨皆是如此，寨头位于太阳升起的方位，称为上方，寨尾则位于太阳落山的方位，即下方。寨尾在寨头相对的位置，有一道寨门通往寨外，寨门外有一片坟山，这道寨门是通往黑暗的寓意。凡出殡，必经寨尾，不得过寨头，因为寨头象征光明。寨子东南角建有佛塔和水井，这些都是傣族村寨最基本的景观要素。寨头、寨心、寨尾构成了一条控制傣族村寨空间序列和空间组织的依据，三者贯穿整个傣族村寨。傣族聚落的基本空间形态和布局思想，受傣族原始宗教"万物有灵"思想影响，它成为一股力量，生长出寨头、寨心、寨尾三个神圣空间，其他的日常生活空间功能场所，都围绕着这三个点展开，共同构成一个有生命力的傣族村寨。

（二）信仰在聚落空间中的权力争夺

多数学者指出，大部分傣族社会的宗教信仰不仅有南传上座部佛教，还兼有以神灵崇拜为主的本土民间宗教信仰系统，也被称为"原始宗教"。二元宗教信仰系统在西双版纳傣族地区初步形成并相互博弈，在仪式过程中并存、互通且呈现世俗化的特点，形成的双重宗教是不同分工的制衡关系，二者相互让步和渗透，又在相互排斥中长期共存。学者们认为傣族社会中佛教与原始宗教相互并存，并形成了"二教共信"的"二合化"，这种"二合化"在傣族聚落得到非常直观的体现。

每个傣族村寨里均有一座规模宏大的寺庙，坐落于寨头，且是寨子的制高点，供村民进行赕佛等宗教活动。由于佛教属于外来宗教，虽然它被建于村寨内，但在傣族人心里，寺庙是属于寨外的。村民每天都要到寺庙进行供奉，傣语称为"赕"，"赕"是傣族仪式的总称，它关系着傣族人的整个生活。村民将所有供奉及布施都称为"赕"，内容相当宽泛。在傣族人心中，"赕"占首要地位，他们认为只有生前多"赕"，死后到了另一个世界才会有财富。所以只要逢"赕"，傣族人都会尽力而为，有多赕多福之意。

另外，在寨头的东南角有一片茂密的树林，在树林中建一简易的凉亭并设供台，这是寨神的居住地——寨神林，也是祭祀寨神的地方。寨神拥有土地的所有权，他们又代表这一聚落与超自然力量沟通的唯一权力。当曼旦人在这块土地上建寨时，必须祭拜这块土地上的寨神，并将之供奉为该寨寨神，需要定期祭祀，寨神才会保佑寨民的平安。台湾历史人类学家王明珂认为族群形成、区分、变化的根源，是通过对共同的祖先认同来达成的，祖先认同建构旨在享有物资的竞争。在傣族，各个寨子都拥有属于本寨的寨神，各寨祭寨神的时间不一，长期的实践，使得他们被建构成各寨的保护神，"寨神"作为符号塑造着"历史事实"。在曼旦寨子，其"寨神"作为社会空间建构的重要源泉，把寨子内部毫无血缘关系的村民凝结起来，形成共享物资的团体，在相同利益的驱使下，形成同一的行为和思想。"寨神"是曼旦寨子实现认同的符号和道德的约束力量，它们防止了曼旦人的分裂，使大家团结为一体。

（三）寨门的空间围合力

曼旦村有四道寨门，四道寨门不分正偏门：两道寨门是人们常走的，可以通往别的寨子，另外两道其中一道通往坟山，一道出门之后是田地和森林。四道寨门的确立源于傣族创世史诗，其中描写到：傣族创世神英叭开天辟地后，把四方划分，在四方捏了四道大门，再分出四大洲。所以，傣族人认为世界是方形的，有四个方位，与四道寨门相对应。

曼旦寨子的坟山位于寨子下方的寨门之外远离宅基地的山上，被认为是村寨领域的边际。村寨内部空间是洁净安全的，而寨外是不洁危险的，经常有邪灵徘徊。傣族人埋葬遗体当天和第二天早晨去坟山处参拜，之后坟山就不再成为供养对象。逝者的遗体和遗骨不能作为祭祀对象，其被看成污秽的肉体，永远不能回到寨内，应送至寨外，回归自然。村民送殡回来后，在进入寨门前要将鞋脱下，光脚进村，并到河流处洗净脸、脚、手等，才能回家或是下地干活，否则把邪灵带回家中会致使家人生病，带到田地会导致收成不好。这明显表达出洁或不洁与寨子空间内外的对应关系。将寨子内部空间产生的危险，驱赶到寨外空间的"洁净"作用，并不只发生在死秽时。当村民长病不起、骑摩托摔跤、家里发生不好的事情时，也要举行"送不吉"仪式，进行制裁性驱逐。村寨内外空间的区别制约着村民们的日常行为。在内部空间，村民只需遵守秩序和规则，就可以安心并且安全。出寨后，到达外部空间，需要提高警惕。若有外寨人进入本寨或从本寨过境，也必须加强防范。所以，寨门形成边界，是象征性地表示此处为寨内和寨外的区分点，恶鬼被排除在这个隐形的寨界之外，表达出傣族人的洁净观及空间秩序。

（四）寨心的空间内聚力

在村寨的中心处有石砌台，这是村寨的心脏，即寨心。寨心是村寨的灵魂所在，建寨心时，村民会在寨心下埋入从河流或山里选取的鹅卵石，并在寨心的中心处放入金银珠宝等贵金属，寓意让寨心活起来。寨心是寨子的生命标志，也是村民们凝聚力的象征。为了防止邪灵入侵，村民们被要求必须以寨心为中心集中居住。现今，随着寨子的人数和户数不断增加，有的村民也脱离寨心，把房屋建在寨门附近，但必须在寨门以内，寨门以外禁止居住。傣族有一说法，叫"寨心不烂，寨子不散"，傣族村寨是围绕着寨心向外辐射并融入林木之中。每年泼水节期间，寨子里都要举行祭寨心仪式，祈求寨子平安顺遂。祭寨心的目的是送不吉利，主要指的是把恶鬼送出寨子，以免骚扰寨民的生活，希望寨子干干净净。

杜赞奇认为，中国传统社会的村落具有强烈的内聚性，表现为：固定且明确的边界；封闭性；排他性；高度的集体认同感；集体内部互动关系密切。所以，中国传统村落社会是结构完整、内向封闭、功能齐全的社会单元。傣族村寨亦是如此，也具有以上特征。总而言之，边界的文化意义在于：边界产生内聚，内聚形成边界。在原始宗教信仰影响下，曼旦寨子的村民具有很强的村落集体认同感，寨子具有明确的心理边界。四道寨门围合的空间使村寨内外形成分界线，这是生与死、人与"鬼"的分界线，使傣族村寨空间呈现出稳固、内向、封闭的特点。傣族人利用信仰构建社会秩序和规则，秩序和规则融入他人的日常建构中，形成自身的认知分类系统，并作为固定不变的仪式机制，这些仪礼配置着社会事物。同样，事物的分类整理、各归各位的清扫活动又不断强化着社会结构和仪式机制。

曼旦寨子聚落空间的形成根植于信仰的权力组织中，它塑造着信仰力量与聚落空间的规范构成，形成聚落共同体所认同的象征和规范。

二、傣族祭寨神仪式空间的排他性

在傣族祭寨神仪式期间，傣族人从物理的现实时空进入宗教的神圣时空，使村寨形成一个封闭的神圣空间，相对于村寨空间，寨神居住的寨神林空间在宗教体验上则更具神圣性。村寨空间把佛和寨外空间排除在外，寨神林把寨内的女性排除在外，村寨内外、寨神林内外的空间安排反映了傣族祭寨神仪式空间排他的特性，这种排他性充分体现了集体表象的功能。

傣族寨神祭祀的排他性在傣族人的观念中根深蒂固。这种排他性体现的是傣族曾作为氏族的特征，寨神是傣族氏族社会的神，为氏族成员所共有。祭寨神成为凝聚、团结村寨成员的重要仪式，傣族地区在祭寨神时，必须通知所有的村寨成员赶回来参加祭祀仪式，违者视为越礼，要受到惩罚。相反，非村寨成员禁止参与祭祀。寨神林内的祭祀仪式把村民们分为男女两性空间，男性村民在寨神林神圣空间进行祭祀，而女性村民则在村寨神圣空间中等待男性村民的归来。请神仪式空间中，村民们聚集在波么家，咪蒂囊请寨神仪式被安排在中心处，女性村民则被男性村民隔绝在外围，不能靠近请寨神空间，以免寨神出现，对寨神产生不敬。祭寨神仪式的排他性还反映了原始宗教与南传上座部佛教的差异性。虽然南传上座部佛教以其强大的力量渗透到傣族人的生活中，但傣族人体会到佛只管来生，而现实的衣食住行仍靠神的庇护[①]。

如涂尔干指出的，每一个社会都有集体共同形成的信仰，这些信仰以宗教的形式体现，并贯穿于每个人的思想观念中，因此，真正的宗教信仰总是某个特定集体

---

① 阎莉,莫国香.傣族寨神勐神祭祀的集体表象[J].广西民族研究,2010(1):51-56.

的共同信仰，这个集体不仅宣称效忠于这些信仰，而且还要奉行与这些信仰有关的各种仪式。这些仪式不仅为所有集体成员逐一接受，而且完全属于该群体本身，从而使这个集体成为一个统一体。每个集体成员都能够感受到，他们有着共同的信念，他们可以借助这个信念团结起来[1]。祭寨神呈现了傣族人对仪式和仪规的共同遵循，仪式还伴随着娱神活动，村民们狂歌欢舞，昭示敬奉神灵、禳灾驱魔[2]。傣族祭寨神体现了涂尔干所描述的宗教诞生的基础——集体欢腾与社会作用。仪式期间，村民们感觉到自己被神圣力量所支配，仿佛被送入神灵世界。

M.Eliade仅将空间分为神圣与世俗两个次类别。不祭寨神时，村寨空间是世俗空间；祭寨神时，村寨空间马上变成神圣空间，神圣和世俗在这里分离又融合。村寨在村民们心里充满了异于日常世俗的神圣，一直到祭寨神结束。祭寨神期间，与村寨相比，寨神林的神圣性更加浓厚，似乎在宗教体验上寨神林空间的神圣强于村寨空间的神圣。

V.Turner着重于日常社会结构与宗教神圣的对应，所以他也将空间分为世俗与神圣两类空间。对V.Turner来说，寨神林空间和村寨空间是一个神圣的、同质的、匿名的空间。村寨外的空间是一个中介的、过渡的空间。V.Turner的中介或过渡的两端是日常世俗社会结构。祭寨神仪式过程为：世俗—神圣—世俗，寨外—村寨—寨神林—寨外。

在封寨那一刻起，村民们进入神圣空间。神圣空间包括封锁的村寨空间及寨神林空间。祭祀使村民们有超越个人原有的时间与空间的经验，也使村寨超越原有的日常生活空间，进而与寨神取得更高层次的时空结合。祭祀也使村民超越原有的自我，自其中疏离出来。因此，一个村寨的内聚力不能仅靠日常生活来维持，祭寨神仪式使村民们暂时离开生活，历经一段不属于日常生活的时空经验，再返回村寨的生活空间，则达到村落的凝聚。祭寨神空间正因为它的异于、不属于日常生活空间，因此有超越世俗、净化村寨的宗教作用，还有凝聚村民的作用。封寨使村民获得一种类似在时光隧道的经验，时间不再以某月某日来计算，而以封寨、入寨神林、从寨神林回到村寨、开寨来计算。这样一种超越日常作息及认知的时间和空间的体验，很容易使人忘却原有的存在经验，让人自生活作息中脱离出来。

祭寨神空间异于日常空间，具有让村民超越日常空间之作用。而村寨内外、寨神林内外的空间安排反映了排他的特性。村寨空间把佛和寨外的人排除在外，寨神林把女性排除在外，请神仪式空间用男性把寨神和女性隔绝开来。因此，空间分割为祭寨神仪式排他性的反映。

---

[1] 涂尔干.宗教生活的基本形式[M].渠东,汲喆,译.上海:上海人民出版社,1999:50.
[2] 杨民康.贝叶礼赞——傣族南传佛教节庆仪式音乐研究[M].北京:宗教文化出版社,2003:397.

CHAPTER 7

第七章

造"物"法则

第一节 造物"道德化"——以家具为例

一、"席"之礼仪[①]

新石器时代,生活在黄河流域的古人,以穴居为主。经历了从穴居、半穴居到地面建筑几个阶段。而南方,则由巢居到干栏式建筑。无论南北方,居住空间都相对低矮、狭小。一家人起居的核心,是设在房屋中心的火塘,因此起居方式必然以"地面"为重心,平面化而不是立体化展开。直至魏晋,受限于较低矮的建筑空间,形成了席地起居的生活方式。当时家具和家庭礼仪,都围绕这种生活方式展开。这一时期的厅堂兼具寝室、厨房、仓库的功能,几乎集全家的家具于一堂。吃饭、睡觉,都在其中。

《考工记》记载了一个古人居住的情状——在屋里铺席子:"周人明堂,度九尺之筵,东西九筵,南北七筵,堂崇一筵,五室,凡二筵。"筵是什么?一种席子。《周礼》载:"设席之法,先设者皆曰筵,后加者为席,假令一席在地,或亦云席,所云筵席。"唯据铺之先后为名,原来,筵就是大席子,铺在地面,而席是铺在筵上面的,大些的席用于睡觉,小的则用于日常跪坐。一般来说,筵是铺满整个室内的,所以,《考工记》里把筵作为计量单位。如果周代一尺是23.1厘米,那么,周人九尺的明堂也就约207厘米高,个子稍高的人站在里面都显得逼仄,只适合席地而居。席居文化,它不仅关联出了凭几、床榻、帷帐等家具,甚至引发了一系列关于席坐的礼仪制度。

西周的贵族们,身着上衣下裳,但不穿裤子。孔孟所处的春秋战国时期,人们终于穿上了开裆裤。无论是穿着开裆的裤装,还是裙裳里空空如也的情况,又开腿坐时,简直太失礼了!在"制礼作乐"的时代,统治者们很注重人的仪态,讲究站有站相,坐有坐相,于是又制定了"正坐"模板,让人显得举止"有礼"。如若坐得不好,后果很严重,坐姿坐容有辱斯文的反面教材,属孔子的朋友原壤最为典型。在等待孔子的时候,原壤又开腿半蹲,看得孔子大骂"老而不死是为贼"。还有孟子夫人,一次,她独自在室内,选择了相对舒服的箕踞坐(臀部着地,两腿平放前伸,像簸箕一般),结果不巧刚好被孟子看见,孟子羞愤至极,嚷嚷着要休妻!

《周礼·春官宗伯》记载,周朝已经设有管理席子和凭几的官员,叫"司几筵"。几指凭几,筵指室内的筵席。当时,席的种类从材质上分为"莞、藻、次、蒲、熊"五种,莞席和蒲席就是草席,藻席即缫席,是一种五彩的草席,次席有说是虎皮席,有说是桃枝竹子编成的席,熊席则是用熊皮制作的席子。在朝见、宴饮、祭祀、田猎和军事等活动中,这五种席子的使用场合,以及摆放方位、层数、次序也各不相同。《礼记·礼器第十》记载:"天子之席五重,诸侯之席三重,大夫再重。"天子可以铺五层席子,诸侯铺三层,大夫只能铺两层。后来,席子铺得

[①] 如姬.筵席:古老的"一席之地"[J].中华遗产,2019(3):18-25.

厚，就代表一个人的待遇好。

在交通工具落后的中国古代，人们出行要么靠双腿，要么靠马和牛。因此，先民发明了室内铺陈筵席的办法，进入室内，就必须脱鞋甚至脱袜，不把牛马猪粪带回家。"毋践履，毋踏席"，后入室的人不能踩先到者的鞋子，也不能践踏坐席。当然，脱袜进入室内，除了表示尊敬，也有防止携带刀剑等古代管制器具的考虑。后来如果谁拥有"剑履上殿"的待遇，就是无上荣宠的体现。直到唐代，虽然高足家具早已进入了中原，但人们基本还是保持席地而坐的方式。

筵、席原本指的是铺在地上坐卧的家具，饮食都是坐在其上进行的，因此筵席连用，慢慢演变成了酒肴的代称。我们都听说过"天下没有不散的筵席"，筵席与日常用餐的不同之处在于交际目的与人数的不同，独自一人吃饭自然不能称为筵席。今天筵席与宴席时常混用，虽都有以酒待客之意，但宴席规模更大，在古时多与王公贵族相关。

魏晋时期有一则割席断义的故事，著名的隐士管宁和华歆本来是一对好友，两人同吃同住，同席读书。不过，华歆经常会被繁花似锦的外界吸引。一次，管宁和华歆一起在院子里锄草种菜，忽然地里闪出了一片金子。管宁当破石头一样对待，华歆却暗暗心疼，把金片捡出来，扔到一旁。管宁心里起了微妙变化，这朋友，似乎不太洒脱。这次的友谊裂痕还未修复，华歆又让管宁失望了。有一天两人一起坐在席子上看书，本来该是促膝长谈、执经问字、互相切磋对宇宙天地看法的浪漫氛围，忽然间"喧喧车马度"，不知哪位达官贵人华丽路过，扬起门前一片尘土，华歆忍不住出门去看。赶完一场热闹归来，本打算跟好友分享一下外面人声鼎沸的场面，结果管宁冷不丁地拿出利器割开了席子，并决然道："子非吾友也！"

古人还以一个人独自占有一块席子为尊，比如在一个家庭里，年纪大的长辈，只适合一个人坐一张席子，这一地位尊崇的席位就是主席，如今引申为领导人的含义。英语中有个复合词"chairman"，是由"chair（椅子）"和"man（人类）"组成的，如果只看字面意思，是"坐椅子的人"，但实际意思为"主席"。如果安排某人和别的小辈同席，则算是拉低了他的身份，是有意羞辱。所以《礼记·曲礼上》说"父子不同席"，表明君臣父子的纲常。多人共坐的席一般可以容纳四人，尊长坐在首席。首席，即是最尊贵的席位。在室内，放置于南面、北面的席，以西侧为首席；放置于东面、西面的席，以南端为首席。在今天，也有职位身份最高的意思，比如首席执行官。因此，为了各自的"一席之地"，历史上经常闹出矛盾。

据《后汉书·戴凭传》记载，东汉某一年元旦时，群臣朝贺，光武帝让在座的经学家们"同席打擂"。谁如果被说得哑口无言，或是胡编乱造，就把他座下的席子抽走。被夺席的人，也就没有自己的"一席之地"了。成语"说经夺席"，说的就是这场2000多年前的辩论赛。

这种起居方式还发展出了席镇，其为镇席四角之物，以防起身卷起席子之用，通常四件一套。

《礼记·内则》里用26个字，言简意赅地为我们描述了一出古人早上的起居画卷："凡内外，鸡初鸣，咸盥漱，衣服，敛枕簟，洒扫室堂及庭，布席，各从其事。"一个大家族的人，无论男女老少，只要鸡叫了，就必须起床洗漱，穿戴衣服，把枕头和睡觉的竹席收起来，然后开始洒扫室内和庭院，铺陈小型的供跪坐的席子，各从其事。后来，席发展到了床与榻上。

二、古代床榻是坐具？[①]

（一）古代床榻是坐具？

汉代厅堂里的坐具，除了贴地的席，还有三种家具：床、榻、枰。从尺寸来看，床最大，榻和枰较小。东汉《释名》曰："枰，平也；以板作之，其体平正也。"说明枰是一种四四方方、平平整整的小坐具。从外形上看，枰和榻很容易混淆。枰和榻有什么区别？首先，榻有独坐的小榻，也有两人对坐的连榻，而枰只能供一人独坐，相对来说比较小巧轻便。再者，榻的边缘可能有雕饰，再与帐、屏结合，更显华丽，可以成为地位尊贵者的坐席，而枰则为一块平板支上四个矮足。

墓室里摆放着棺木，棺前摆放着石榻。在"事死如生"的丧葬观念下，墓室的布置是现实生活的反映，而根据"前堂后寝"的建筑格局，棺木所在的墓室对应的是现实生活中的寝室，石榻所在位置则是厅堂。由此可见，榻是厅堂里休憩、待客之用的家具。

榻的材质，有石质的，也有木质的，非常坚硬。汉代人坐在榻上，似一座孤悬的山峰，初时端正稳重，坐上几个时辰难免头晕脚麻，膝盖疼痛，甚至有跌落之虞。据唐代百科全书《初学记》引东汉《通俗文》的说法，榻呈长方形，长三尺五，折合今制约为84厘米，宽度略小。《滕王阁序》里有一句话："徐孺下陈蕃之榻。"说的是东汉时期，豫章郡（今江西南昌）有一位"怪人"徐孺子，德行闻于乡里，因看不惯官场的腐败，对朝廷的征召屡辞不受。豫章太守陈蕃对徐孺子仰慕已久，上任的第一天，连官衙都没进就直奔徐孺子家，恳请他到太守府做客。为了表示对徐孺子的敬重，陈蕃回府后特制了一张榻，平时挂在墙上，只有徐孺子来访的时候才放下来，两人对坐秉烛夜谈。徐孺子走后，又把榻收起来。这就是"下榻"的由来。榻是这一时期的常见坐具，而且是一种非常设性的家具，平时都收纳起来或挂在墙上，只有客人来时才放到屋子中间。因此，"下榻"只是一种普通的待客之道。

也许你会想，还不如直接铺张席子坐在地上呢，何苦多此一举，做出这样一个折磨人的家具来？其实，榻的第一个作用，就是保护身体、阻隔湿气。在《汉书》《三国志》等史籍中，有一种问候他人生活起居的方式叫作"问其燥湿"，即问的是你家湿气不重吧？宋元之际的史学家胡三省解释说："人之居处，避湿就燥，问其燥湿者，问其居处何如也。"舒适的生活，就是没有湿气。因此，一张矮榻，

[①] 梁石.榻与床：古代的"沙发"怎么坐?[J].中华遗产, 2019(3):26-35.

使得不少汉代人的膝盖免受风湿之痛。榻更重要的作用，是显示地位尊卑。汉代实行"独尊儒术"后，日常的生活礼仪更加强调长幼尊卑，而榻的普及也正是在汉代。四川成都青杠坡出土过一件画像砖"讲学图"，图中一位年高德劭的老师独坐在榻上，其余儒生则分左右两列围坐在筵席上，比老师明显矮了一截。在众多的坐席之中，榻并非人人都能坐得上，坐榻者尊于坐席者。

若主客一见如故，相谈甚欢，那么，主人会为该客人单独准备一张长榻。这张长榻是一张连榻，供两人对坐之用，主人赏识你才愿意与你连榻而坐。河南张湾汉墓出土过一件连榻陶俑，两个人在榻上对坐玩六博棋，刚好把榻坐满。可知连榻的长度也不过1米出头，两人对坐时靠得很近。三国时期鲁肃初见孙权时就得到这样的待遇，被传为一段佳话。若一室之中只有一张独榻，则为地位最尊贵者坐席。

东汉末年的名士管宁，坚持以标准的坐姿在一张榻上坐了五十多年，以至于把木榻接触膝盖的地方磨穿了。但能够如此严于律己的人毕竟是极少数，家具发展的大势，是让生活起居变得更加舒适。在魏晋南北朝时期的居室里，你就会看到一幅与汉代截然不同的景象。北齐杨子华有一幅名画《校书图》，图中展示了一种与汉代迥然不同的榻：能坐能卧，坐上五六个人还绰绰有余。榻上还摆放着琴、箭壶、餐盘、酒杯、砚台等物品，坐在榻上的文士，或盘腿于床上，或垂足于床下，顾盼嬉笑，好不逍遥快活。

（二）榻何以变样了？

到了魏晋南北朝时期，随着外族的大举入侵和政权的频繁更迭，胡人垂足而坐的生活方式也传入中原。随之而来的，是坐卧家具的增高、加宽。这一时期，士人们最喜欢的集体活动是清谈——在美酒和五石散（一种慢性毒药，服后使人全身发热，并产生一种迷惑人心的短期效应）的辅助下，名士们纵情谈玄论道，动辄通宵达旦，谈累了、喝醉了，倒头便睡。管他的秦汉礼制、夷夏之别，家具只有一条宗旨：怎么舒服怎么来。另外，这个时代的建筑，尤其是宫殿和佛寺，明显比汉代高大，北魏洛阳甚至建造过高达四十余丈（近150米）的永宁寺塔。也就是说，这一时期的榻和建筑是同步变高、变大的，而这一切都得益于木构建筑的普及和斗拱的发展。室内空间的增加和采光条件的改善，使人们得以打造更大的家具，同时采用更舒适的坐姿。

自东汉开始，有的榻上就搭配了两扇屏风，后面一扇，左边或右边一扇，起挡风、保暖的作用。到了魏晋时期，左、右、后三面围屏的榻更加流行，坐累了可以斜靠。榻经过这么一变，不仅坐的人舒服了，侍者也轻松了。因为坐在高榻上的主人与侍者站立的身高差不多，侍者不必跪地或弯腰服侍。后来的唐人为高榻取了一个外号——痴床，因为"处其上者，皆骄傲自得，使人如痴也"。

魏晋南北朝时期，垂足起居的生活习俗开始流行，传统的坐榻也渐渐升高，向椅子靠拢。人们的坐姿也变得更加随意。有的榻不只变高，而且变得宽大，可坐可卧，与床无异。为了方便地登上大榻，榻前还设置了一张小台子，称为"榻登"，有意思的是，这种榻登其实非常接近榻的原型——汉代矮榻。

到了宋代前后，垂足坐已经成为主流，椅子、凳子大行其道。但还是能经常看到高榻，拿《槐荫消夏图》来说，画中人袒胸躺在浓荫下的凉榻上，跷着脚、枕着胳膊，微风轻轻地吹过耳鬓，要多惬意有多惬意。这也只有榻能做到了，椅子、凳子都太小，把床搬到庭院里也不像话。睡个觉也要分为大睡和小睡，大睡是晚上的正式睡眠，在床上，小睡则是日间的小憩，用的就是榻。

（三）床也是用来坐的？

甲骨文的"梦"字，形象地描绘了一个人平躺在床上睡觉的样子，甲骨文的"疾"字，呈现的是一人在床上浑身冒汗的形象。显然，这两个字里的床是一种卧具。如果床只是一件卧具，那么合理的摆放位置，应当是内室。敦煌壁画中，床却赫然摆在厅堂当中正对大门的位置，这是何故？

北朝民歌《木兰辞》中"唧唧复唧唧，木兰当户织"和"阿姊闻妹来，当户理红妆"，其中隐藏了一条关键信息：织布和化妆都是对着大门进行的。为什么呢？当时大多数的普通民居，建筑空间都比较低矮，而土墙起着承重的作用，不便开窗，故而大门是唯一的自然光来源。由此可以推知，当时人的办公、会客、读书、饮宴等活动都是当户进行的。敦煌壁画中的床摆放在当户的位置，就是为了进

行这些日常活动。今天的人们常说，人生的一半时间都在床上度过，对古人来说，这个比例可能更高。

那么床和榻一起摆在厅堂中时，是什么关系呢？一般来说，床的规格比榻更高。你若被屋主人邀请坐在床上，表示你们之间的关系非常亲密。就在矮榻升级为高榻的同时，床的坐具身份也受到了挑战。南北朝以后，随着高型榻的出现，榻兼具了坐具和卧具的功能，成为厅堂里的核心家具；而床，则在宋代以后走向了家中的深处，用架子、帷帐遮蔽起来，成为专门的卧具。到了唐宋时期，床榻有了"内用"和"外用"之别：放在寝室的床榻为"内用"，可坐可卧；放在宫殿这样严肃场合的床榻为"外用"，作为一件办公家具，只可以端坐。紫禁城金銮殿（即太和殿）正中摆放的宝座，许多人都习惯称之为"龙椅"，但是严格地说，宝座不是一把椅子，而是源于古代皇帝的坐具"御床"。

三、靠背的"社会性"跨度[1]

众所周知，椅和凳有分别，凳子是古人用来"登"上床榻的踏"兀"所演变出来的坐具配置，后连同其他坐墩逐渐成为独立坐具。由于凳没有靠背，坐向随意，易于临时设置，多设于园林及闺房，正式场合绝少应用（图7-1）。在坐面上加设靠背，便成为椅（图7-2）。专家指出，靠背是由凭几（在前、在侧）和腰几（在后）的概念进化得来，既坐且倚。椅子的

---
[1] 赵广超,马健聪,陈汉威.一章木椅[M].北京:生活·读书·新知三联书店,2008:108-109.

款式取决于不同程度的靠背，从手工到角度都非常重要。处理失当，不但有碍观瞻，而且令人不适。

现代人体工程学分析显示：靠背斜度适中，既不易疲倦，又不致散漫，宜于专心工作（图7-3）。再加上适中的扶手，坐向清晰，便是一张宜于专心工作的靠背扶手椅（图7-4）。靠背斜度越大，身心越松弛。若靠背斜度增加，腿部往上调升，身心便会松弛，最好用来休息。上升角度越大，身心越松弛（图7-5）。所以当人卧病，有客到访时，靠背便会回升到较具社会性（工作、沟通）的高度，同时保持一定放松程度的角度（图7-6）。当斜度大到变成了床，便处于完全放松的休息模式（图7-7）。图7-8是根据现代人体工程学分析出来的几个座椅靠背的角度。工作椅的靠背角度以90°—105°为宜，能使坐者专注及警觉；大班椅供管理阶层及旅游者使用，靠背角度以105°—115°为宜；安乐椅的靠背角度与大班椅相同，但坐面位置不同，体感放松舒适，宜附加颈枕；卧靠椅自行调整角度，不适合阅读，宜观看电视及交谈。

凳子不够庄重

图7-1 凳

在坐面上加设靠背，便成为椅。专家指出，靠背是由凭几（在前、在侧）和腰几（在后）的概念进化出来的，既坐且倚

靠背过分僵直

图7-2 椅

靠背斜度适中，既不易疲倦，又不致散漫，宜于专心工作

图7-3 靠背椅

再加上适中的扶手，坐向清晰，便是一张宜于专心工作的靠背扶手椅

双足可以稍后
双足可以稍前

图7-4 靠背扶手椅

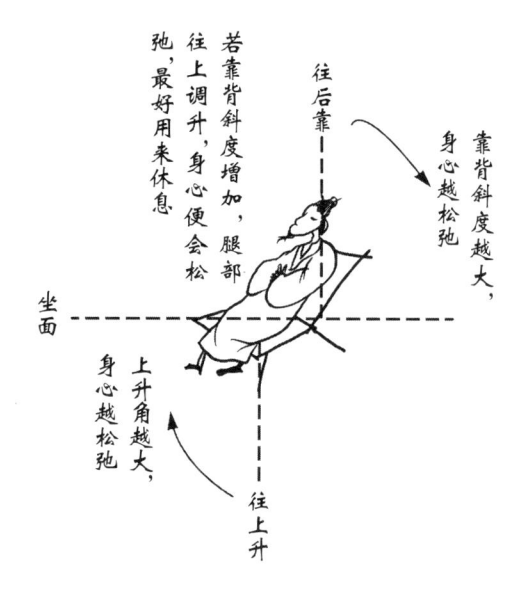

图7-5 靠背斜度增加

图7-6 卧病靠背回升

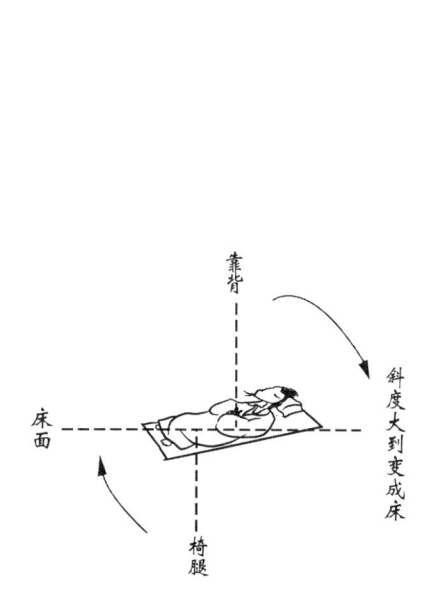

图7-7 靠背斜度调整至床

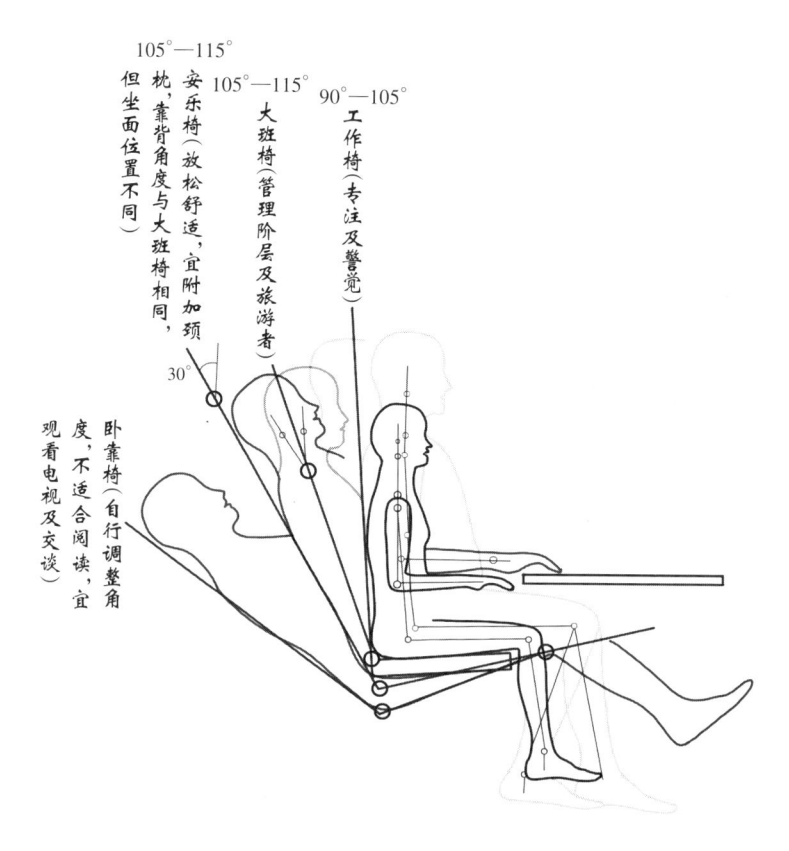

图7-8 座椅靠背各角度

图7-9①给我们展示的是由坐到卧的动态剖析，图中的两条垂线是背部和椅腿，背部前倾为工作范围，精神集中；背部后靠为休息范围，腿部上升，精神松弛，直至躺平至床面，完全躺平，不再沟通。越往后靠，越满足人的生物性需求，社会性的参与成分就越低。所以，靠背是一个作为人的"社会性"与"生物性"跨越的载体。

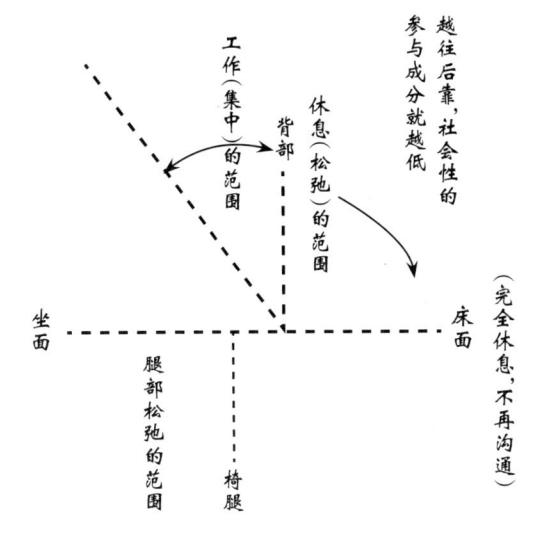

图7-9 由坐到卧的动态剖析

四、明式椅的潜在功能

在我国，真正意义上的座椅从唐代以后逐渐出现并普及，到明代座椅走向完善，所以明式椅是在中国传统文化影响下形成的座椅样式，多为木质，具体分为太师椅、官帽椅、圈椅、交椅、玫瑰椅等。

有学者运用现代人体工程学知识对明式椅类家具做过分析，通过测量得出结果如下：明式椅坐高一般在450 mm左右，与人的小腿高度几乎相等，基本符合人体工程学要求；坐宽和坐深均大约400 mm，而人体工程学规定的尺寸为380 mm，两者基本相契合，可以完全支撑坐者的臀部；有扶手的椅类家具坐宽要大一些，按人体工程学规定的尺寸应不小于460 mm，但也不应过大；明式扶手椅和四出头官帽椅的宽度都符合这一规定。坐深主要是指坐面的前沿至后沿的距离；根据我国的人体平均尺度，坐深应不大于420 mm，明式无扶手的靠背椅坐深为400 mm，符合这一规定；明式带靠背的椅类家具，靠背板为"S"形或"C"形曲线，向后倾斜，与坐面呈100°左右夹角，且椅子走势与人的背部脊椎几乎吻合。由王世襄《明式家具珍赏》所给图例，玫瑰椅、官帽椅、圈椅等有扶手的明式椅类家具，可以估算出扶手与坐面的高度基本为250 mm左右，符合人体工程学规定的尺寸②。

从尺度上说，明式椅符合人体工程学设计，但我们的体感依然是不舒适的。究其原因：第一，坐面倾角几乎为零。当坐者后靠椅背，坐骨结节点上因坐者自重而产生水平向外的推力，如若坐者不使劲抵消这股力量，势必会向前滑移，久之，极易疲劳。当人的双脚搁置在踏脚档上时，

---

① 图7-1至图7-9来源：赵广超，马健聪，陈汉威.一章木椅[M].北京：生活·读书·新知三联书店，2008：108-109.图中文字有修改。
② 刘蕊.明式椅类家具的人体工程学研究[J].包装工程，2016，37(6)：96-99，118.

重心后移,臀部与坐面成点状接触,接触面积变小,局部区域因受压强度过大而导致不舒服。第二,明式椅的材质为木质,坐面较坚硬,坐骨结点与坐面点状接触,久之,深感不适[1]。

但从明式椅的造物思想来看,它提倡"精炼而适宜,简约而另出心裁","精""简"是明代工艺的显著特色,体现了当时文人雅客整体的一种审美取向,文人士大夫们将自己的人格与精神追求物化于座椅之中。明式椅恰如其分地表现了"巧而得体,精而合宜"的意匠美;木材本色和纹理不加以遮饰的材料美;榫卯拼接的结构美;适当比例和尺度线处理的工艺美。

明式椅的品格特征可以用八个字来概括,即"淳朴端庄,外柔内刚"。就淳朴而言,明式家具都不追求雍容华贵而崇尚简洁精炼。形体简朴,以达到实用牢固为度而装饰不多。美感主要通过良好的比例与总体造型来获得,而不依赖装饰,加装饰也仅在显眼处而且相当简练,有的饰件如牙子往往也是结构件。如明式家具中一例螭纹圈椅,椅背与扶手连成一体,依据人体舒适的原则作流畅的合抱半环式曲线型,而作为支撑的柱、腿及帐子则笔直、挺拔,以屋宇式收分的做法将腿部向外倾侧,并用阳线勾边的手法起筋,突出座椅下盘的稳固与力量之美,装饰集中于靠背中央的竖板上,精致细密的卷草蟠螭纹雕刻,与此外仅有的腿间牙子上的浅浮雕缠枝纹相呼应,这两处小面积的含蓄装饰既起到活跃、点缀的作用,又保持了家具整体上高贵大方的艺术风格。明式家具还着意纹理的选择与安排,以达衔接流畅自然。外柔内刚也是明式家具给人的一种深刻印象。明式家具中,凡圆腿都微带外叉;方腿则外圆而里方;圆椅则上圆下方,中腰微收,下叉上展;椅圈两端先敛后放;三弯腿具有稳健的马步蓄势;马蹄腿足端外收内蹬;线脚的大面浑圆而细线坚挺;等等。这些显示出其外柔内刚、外秀内挺的稳健气质。犹如太极拳之势,健美含蓄[2]。

另外,《黄帝内经》有云:"经络者,所以决生死,处百病,调虚实,不可不通。"经络学说的系统论把人体看成是一个整体的作用。明式椅中人的受力点又是一个多点的整体,明式椅中人的受力点有七个:背、椎、大腿肚、双脚、双手,尤其是除尾椎骨外,靠背、两个扶手,都起到了分散重心的作用,是一个多点的整体。虽然它不是最佳休息的器具,但久坐不至于使人感到肌肉不适而产生全身疲劳,它似乎在寻找达到"器物功能与人的生理的适应关系时的'度'的要求",这种对"度"的控制和把握对人的身体健康和增强体质有益无害。杭间教授从由经络学而来的针灸推测,人身这些点与明式椅充分接触,对人体起到影响和梳理作用,肯定了明式椅可以通过这种"坐"的方式

---

[1] 刘蕊.明式椅类家具的人体工程学研究[J].包装工程,2016,37(6):96-99,118.
[2] 邱志涛.明式家具的科学性与价值观研究[D].南京:南京林业大学,2006:18-20.

达到人体经络相通、舒筋活血的疗效。也就是说，很有可能通过这种坐的方式达到身体健康的目的[①]。以明式圈椅为例，坐面上部由"S"形靠背和浑圆的弧形扶手构成。当我们正襟危坐于圈椅之中，双臂自然伸展于扶手之上，身体背侧挺直于靠背板，双脚踏在前管脚杖，双臂内侧的手三阴经与圈椅扶手接触，背部的督脉、足三阳经与靠背板接触，足底的经络穴位与前管脚杖接触。众所周知，圈椅材质为硬木，这些接触部位无形中会对经络穴位起到有效的按摩刺激作用。"坐欲端而正""脊梁欲直，肠胃欲静"。所以，我们从明式椅的造物思想，以及中医学原理都可以发现其潜在功能。

明式家具的"特点"都是审美层面的。比如说"材美工巧"，但"工巧"的结果是什么，并没有分析；例如都说"造型简洁"，但到底为什么要简洁？有没有功能层面的含义？没有说。明式椅中的靠背椅与宋代的官帽椅有极大的关系。宋代官服与腰带中间有一整套东西，需要椅子有较大的空间，从某种意义上说，靠背椅跟宋代的理学也有关系，"正襟危坐"，具有礼制的功能。这些都较少被提及。其实，明式家具的发展还受到江南园林兴起的影响，但园林和明式家具的关系却很少被人提到。后来，明式家具还被传播到山西和北京，并被整个宫廷改造、改制，尺寸与宫殿建筑的规模相吻合，风格与皇家的气派相一致，这些分析无疑都是设计史的范畴。

座椅的形态受到特定礼仪的影响，表现出了相应的礼仪特征，从礼仪的角度讲，座椅中诸形式之间构成了特定的礼仪序列，以明式座椅为例，造型中尽管有符合人体工程学的部分，但相比西方座椅，人们坐上去的舒适性仍然逊色很多。如果因此而否定明式座椅的设计成就，是不客观的。受中国传统礼仪的影响，等级制度是礼仪的另一种延伸，从礼仪的角度讲，它同时也决定了社会层次、主人的品位以及审美等内容。在《长物志》中，也有关于家具的描述卷，如几榻卷中，不但记述了人体尺度、比例、功能等因素，对不同形制的家具尺寸也有详细记载："榻，座高一尺二寸，屏高一尺三寸，长七尺有余，横三尺五寸。"[②]由人体工程学关于人体比例的测量可以看出，这一尺寸非常符合人体伸展弯曲的需要。架也有大小二式，大者，高七尺余，与成人身体尺度相适，既要拿书方便，又要宜于书籍的保存。小架，可置于几上，用于放置笔架及朱墨漆者，尺寸相当，既要美观，又须使书房不显零乱，雅而有序[③]。"云林清秘，高梧古石中，仅一几一榻，令人想见其风致，真令神骨俱冷。"这是一种文人士大夫特有的审美和文化精神上的追求。

[①] 刘佳.工业产品设计与人类学[M].北京:中国轻工业出版社,2007:21-22.
[②] 文震亨.长物志校注[M].陈植,校注.杨超伯,校订.南京:江苏科学技术出版社,1984:226.
[③] 文震亨.长物志校注[M].陈植,校注.杨超伯,校订.南京:江苏科学技术出版社,1984:240.

第二节 乡土社会之家庭景观

21世纪初期，世界人口的快速增长以及由此带来的人们对住房的需求，使得住房危机成为全世界所要应对的主要问题之一[1]。与此同时，人们的生活方式和认知方式不仅日益受到全球化、信息化的深刻影响，而且受到文化冲突、生态危机的侵扰，这些都与乡土社会的文化传统发生着千丝万缕的联系。因此，家庭景观在未来的人居环境建设中是否得以保存是一个问题。笔者将从以下三个方面进行讲述。

一、乡土之"家"

从某种意义上讲，家庭是最具中国特性的本源型传统[2]，家是人们生活中至关重要的部分。它虽然平常、日常，却在视觉上最直观地呈现出乡土景观的基本形貌。人类学家彭兆荣教授认为："生存、栖住是'家'的落实。"彭教授把家理解为五种"单位"。第一，"家"是"生命单位"。"家"是会意字，甲骨文为𠕋，家居的标志是房子里有猪。《说文解字》："家，居也。""家"的本义即住所、屋内，有多种生命形式。第二，"家"是"空间单位"。它是空间形制中"地方"最基层部分。《正字通》："家，居其地曰家。"家居表现为地方性处所。所谓"聚落"，表明某个群体的聚集空间格局及由此建立的社会关系。第三，"家"是"亲属单位"。它是血缘群体代际传承的具体实施，以姻亲与血亲为主要线索，向外、向下不断传递。第四，"家"是"社会单位"。它是与其他社会关系进行联络与交往的中心，也是"内""外"礼制社会的缩影。第五，"家"是"政治单位"。在特定的政治伦理中，指"家国天下"。《礼记·礼运》："今大道既隐，天下为家。"

美国景观研究的先驱者杰克逊认为乡土与"家"连用，是指小镇的住宅或传统的乡村。"乡土"通常意味着传统、农家和自产。美国乡土住房被设计成微景观体系，它对社区的依赖是服务上的需求，而并非政治上的一体。对此，美国人开发了相应的非行政聚落模式：企业城[3]、郊区、度假区、移动法院，以及私人公寓房[4]。美国乡土建筑的结构更新覆盖了各种类型的建筑：小木屋、盒状房屋、轻型木构架房屋、预构房屋或预制房屋，以及可移动的房屋。相比传统的、前工业时代的住宅，现代美国乡土建筑存在一些不足。现今住房的文化性和精神性正在消失。在住宅乃至城市里，美国人近乎狂热地创造

---

[1] 舒丽萍.19世纪英国的城市化及公共卫生危机[J].武汉大学学报(人文科学版).2015,68(5):86-92.
[2] 徐勇.中国家户制传统与农村发展道路——以俄国、印度的村社传统为参照[J].中国社会科学,2013(8):102-123,206-207.
[3] 企业城指一种特殊的城镇,那里绝大部分或所有财产均属于某一企业,包括地产、建筑、设施、医院等所有财产。
[4] 约翰·布林克霍夫·杰克逊.发现乡土景观[M].俞孔坚,陈义勇,等译.北京:商务印书馆,2015:119.

"景观"，打造仅能用于娱乐和健身的、完全没有内容的景观，也能创造出由一些简易的、无差异的建筑构成的暂时的居住社区。

在中国的传统建筑中，大型建筑并不意味着庞然大物。中国的传统建筑是木质结构，"间"是传统建筑空间的基本单位，"间"数增多就组成了"幢"，"幢"的围合就形成了庭院。庭院与"间"同为空间的基本单位，但与"间"相比，庭院高了一个层次。无论在皇家宫殿、古建庙宇，还是民居院落中，庭院都是人们的主要活动场所。庭院的形状、大小主要由主人的物质生活水平、精神文化需要和自然地理气候等诸多因素决定。庭院既联通了室外与室内的生活，也沟通着各生活空间中的人们的情感交往。人们每进入一庭院就称作一"进"式，"进"指的是旧式房院的层次，平房的一宅之内分前后几排，一排称为一进。若建筑呈"口"字形称为一进院落；呈"日"字形称为二进院落；呈"目"字形称为三进院落。在传统的大宅院中，第一进为门屋，第二进是厅堂，第三进或后进为私室或闺房，是妇女或眷属的活动空间，一般人不得随意进入，难怪古人有诗云"庭院深深深几许"。这种由庭院构成的层层递"进"的古建筑群，形成空间的虚实关系，表现出老子的"有无相生"之论。老子的《道德经》中有名言："埏埴以为器，当其无、有，器之用。凿户牖以为室，当其无、有，室之用。故有之以为利，无之以为用。"①"有无相生"，体现了空间概念的核心内容。

中国传统建筑的平面布局具有一种简明的组织规律，多采用均衡对称的灵活方式，强调"居中"为房屋的主位和高位。房屋构造、基本结构、建筑装饰、室内陈设沿着进深方向，即房屋的深度方向的中轴线布置。这种对称式的布局方式充分体现了中国的封建伦理、宗教礼制和等级观念，是中国思想道德的运用与体现，也是对皇权、王权和父权权威至上的展现与阐扬，显示官职品位的高低以及地位等级的尊卑。中国传统的均衡对称式建筑从心理学的角度给人们指出"崇上"的方向与路径；从美学的角度上看，均衡对称符合美的形式与规律，即美学中的形式美法则，是庄重、稳定和匀称的美感表达。四合院是中国传统建筑的典型，其格局规划遵循"深进平远"和"中轴对称"两大原则，其根源可追溯到仰韶文化晚期。以两进四合院为例，它分为前院和后院。前院又可称作外院，居住着仆役，由门楼、倒座房组成，设有客房、厨房等；后院又可称作内院，主要用房均布置于此，由东西厢房、正房、游廊组成。前后两院由一条中轴线贯通起来，连接前后院的一般为垂花门。上文提到的"间"是四合院里最尊贵的房屋，它位于连接前后院的中轴线上，是后院的堂屋。家中长辈居住的房屋称作耳房，坐落于堂屋的左右两侧，晚辈多居住于左右两侧的厢房。当然还有三进、四

---

① 诚虚子.《道德经》新解[M].济南：济南出版社，2003：35-36.

进、五进院落，在这样的大型建筑中，房屋的组合方式较多，通常是"前堂后寝"式。

中国传统住居对男性空间和女性空间也有严格的区分，男女有明确的活动区域和范围。从住居的总体布局上看，所谓"前堂后室"，已初具空间使用性质的划分。当住居空间发展为一个院落时，常以中门为界，前部为男性区域，后部为女性区域。前、后院之间设置的中门就是男、女两性空间的联系通道和分隔界面。因此，旧时的大户人家对进出中门有严格的规定[①]。男女两性空间的存在也构成性别在文化区辨上的基础之一。两性空间的分界线调节了男女关系。

"家"体现出社会的等级制度，反映到"家"中来就形成了等级居住。等级居住体现出两方面的内容：第一，以宅居单元为载体的行为模式所形成的相应的空间形态，集中表现为城市的功能分区以及各区的空间特征、空间的理念象征并内蕴着社会的等级分化[②]。第二，等级居住体现出宗法和礼制对人们的住居行为和空间模式的作用和影响。可以说，宗法和礼制是中国古代的社会关系和家庭关系中尊卑和等级的体现，是人们在社会生活和家庭生活中的行为规范。在古代，等级居住同时也是住居的社会管理方式、空间的组织规划方式、住居空间结构和装饰标准的制定方式[③]。

二、"家"之秩序

在西方，"家"是一个盲点，缺位于"国家""社群"和"个体"。中国的"家"却与之相反。传统中国人以缜密的"家"之秩序观与家国儒学体系构建起对"家"的认知图景，呈现出"泛家性"的特征，"泛家性"成为支撑中国传统社会的"家者国之则"秩序体系的前提。传统的中国与乡土共同体间的互动关系之演变表明，"礼法"是家内秩序的根基。

在中国，"家"或叫"家庭"，是客观存在的事实。养生送死，也是客观存在的事实。在一般人的眼里，不过是人出生、成长、结婚，而后又生子，年老被子女赡养，最后生命结束。几千年以来，这个养生送死的过程主要是在叫"家庭"的社会细胞里进行的。之所以称家庭为社会细胞，是因为它是人类社会中最基本的生活单位[④]。家庭内部成员的社会责任在社会中的功能体现出来，且能描绘出家庭成员的社会角色。金耀基教授认为中国的家不仅仅只包含核心家庭内部的成员，它还包括水平方向上从家族到宗族、从宗族到氏族的范围，以及垂直方向上，上及长辈、下及晚辈的范畴。所以他认为中国的"家"是一个规模宏大的、延绵久长的、丰富多面的家，中国社会的价值体系都是由个体通过家对社会的认识与适应、家对

---

① 张宏.中国古代住居与住居文化[M].武汉：湖北教育出版社，2006：7.
② 张宏.中国古代住居与住居文化[M].武汉：湖北教育出版社，2006：55.
③ 张宏.中国古代住居与住居文化[M].武汉：湖北教育出版社，2006：61.
④ 麻国庆.家与中国社会结构[M].北京：文物出版社，1999：(代序)1.

健康人格的培养形成的[①]。

以"差序格局"为特征的中国社会关系和结构，以"己"为中心，像水中的波纹一般层层推出，逐渐向外扩展，越推越远，越推越薄。个人的社会性是通过家庭关系体现出来的，传统中国的社会关系是家庭关系的放大和延伸。家庭承载着中国的伦理思想，家庭与伦理之间的关系为：伦理是从家庭内部发展出来的，之后被制度化，成为维系家庭的内部动力，家庭与伦理依附存在、绵延至今。孟子说："尧舜之道，孝弟而已矣。"指家庭之原理可用于国家的治理中，这是之后的"孝治"即儒家政治法律思想的起源。《大学》中有云："家齐而后国治。""君子不出家而成教于国：孝者，所以事君也；弟者，所以事长也；慈者，所以使众也。"[②]家庭观念与家庭发展，缩印着人类历史的变迁。

在中国人整体观念里，顾全大局与个性发挥是相统一的。而作为中国传统的"家"不仅是"整体观"倾向性最强的标志，而且是中国人修养、塑造品德的主要场所，中国人的行为模式中的法理本质一贯带有"家"的记号。人类学家许烺光（Francis L. K. Hsu）指出："中国古代的君臣关系，实际是父子关系的投射。由中国的社会背景所孕育，中国人服从权威和长上（父子关系的扩大）。"美国汉学家芮沃寿（Arthur F. Wright）在总结中国人的13类性格时强调，第一类是"服从权威和长上"，第二类是"服从家庭礼法"。人们进入或离开生命世界，都要遵从"家"的生命法则。"家"作为差异性与共同性、生物性与社会性的相互依存组成的整体，在各种统治和束缚之下，是权力和次第的源起，是"伦理道德""社会秩序"的别名。中国社会的价值观念、政治思想和传统文化，几乎全是在由"家"形成的亲子血缘的伦理关系的观念上构筑起来的[③]。在中国，宗法制度是为了便于建立世袭统治，是帝王将相依据血缘分配国家统治权力的制度。宗法制度由氏族社会的父系家长制逐渐演变而来，是宗族与国家两个组织的统一体。所以宗法制度同时具备血亲道德、社会道德、政治统治三重功能。在中国的封建社会，封建礼教作为等级秩序、人际关系的准则，首先在"家"中实施，以家族秩序作为其统治的基础，"家"为人们的观念形态和思想意识的养成提供了原始基因，由此形成的家族制度完整地演示出国家政治关系中的封建宗法制度。中国的"家长制"家庭是等级森严、辈分明晰的，最本质的形态是父子关系，这是两代人关系的缩影，其象征意义大大超越了具体内容。中国的传统家庭中，家长是核心，父子关系是家庭格局中最关键的环节。父辈是权威的象征，他们可以通过政治、经济、宗教等途径维护自身的权威。

家庭景观与家庭生活的内涵有关，家

[①] 金耀基.从传统到现代[M].北京:中国人民大学出版社,1999:24-25.
[②] 金履祥.大学疏义[M].清文渊阁四库全书本.
[③] 钱穆.中国文化导论[M].上海:生活·读书·新知三联书店,1988:43.

庭生活的内涵取决于家庭在社会中扮演的角色，或曰家庭的功能。因时代不同，家庭的功能是有差异的。蒋高宸教授认为，家庭的功能分为日常、非日常生活两方面，日常生活包括生、养、休、藏等家庭生活的内涵，而非日常生活包括节、庆、祭、礼等活动，与人的生命周期、生产周期相联系。无论是家庭的日常还是非日常生活，都与家庭景观的构成、确立、性质、秩序等分不开[1]。

三、"家"之断裂

康有为的《大同书》在理论上最早打击了传统家庭观念，否定了家族存在的价值。这对动摇传统的家庭观念不失其意义，直至五四时期，传统的伦理道德在人们的心中趋向分崩离析，当时思想斗争革命的重要内容就是极力抨击封建社会宗法制的"家"制度。中国近代前期的家族，继承延续着宋代家礼的伦理道德价值精神，但由于近代以来资本帝国主义的入侵，除对中国进行军事侵略、经济掠夺以外，还对中国进行文化渗透和政治控制，现代性话语与中国传统的语境产生激烈的冲突，家长制父权主义与西方女权主义形成交锋。家庭在当时被边缘化，传统的"家"的制度性与合法性遭遇摒弃，认为"家"之外的公共领域是现代社会发展的原动力[2]。人们对家族主义家长制采取激进的批驳，家族规范被认为是"家庭乃万恶之源""吃人的礼教"[3]。至此，"欲开社会革命之幕者，必自破家始"[4]。

"断裂"是吉登斯所概括的现代性的特征，中国传统家庭观的逐步消解与现代性意识形态的形成，使我们走出了传统的伦理道德和社会秩序的规则。在对传统"家"的通晓上，现代人已经有全新的认识，它不同于传统秩序[5]。在中国社会转型和人口转变的过程中，城市化的推进、持续的低生育率、人口老龄化、急剧改变的家庭观念和居住形态的变化，促使传统的扩大家庭分裂成为小的核心家庭，还涌现出大量非传统类型家庭，如隔代家庭、纯老家庭、空巢家庭、单亲家庭、丁克家庭、大龄单身家庭等[6]。家长制的家族制度逐渐淡化，"家"的主轴由竖向的"父子"转化为横向的"夫妇"，导致传统的规范家人言行的家风瓦解、家系破碎，西方的小家庭模式逐渐取代了传统的家族制度。

近代以来，宗法制度衰退颓败，宗族制度徒有虚名，传统的"家"制度的地位

---

[1] 蒋高宸.云南民族住屋文化[M].昆明:云南大学出版社,1997:6.
[2] 大卫·切尔.家庭生活的社会学[M].彭铟旎,译.北京:中华书局,2005:192-193.
[3] 郭齐勇.现代新儒学的根基:熊十力新儒学论著辑要[M].北京:中国广播电视出版社,1996:336-337.
[4] 汉一.毁家论[C]//张枬,王忍之.辛亥革命前十年间时论选集 第二卷(下册),北京:生活·读书·新知三联书店,1963:917.
[5] 安东尼·吉登斯.现代性的后果[M].田禾,译.南京:译林出版社,2011:3-4.
[6] 彭希哲,胡湛.当代中国家庭变迁与家庭政策重构[J].中国社会科学,2015(12):113-120.

不断被诋毁，"个人主义"无限膨胀，"家长制"维系力衰落，家庭成员对家族主义风习产生抵触，致使中国家庭"碎片化"，维系家庭组织的纤维被割断。人们正经历伦常与道德的真空期，以信仰与宗族为基础的人际关系被解体，而富有建设性的、新兴的家庭秩序却无法重建[1]。

建筑产业的现代化发展、工业结构的调整及新型城镇化的推动，使得现代建筑逐步取代了传统建筑。新技术、新工艺、新材料、新设备的应用加快了建设速度，降低了工程造价，使建设活动得以大规模开展。其优势在于人们住上了坚固且安全的房子，劣势是造成建筑的艺术性减弱，千篇一律。法国建筑师勒·柯布西耶提出"住房是居住的机器"的概念，"机器美学"追求理性和逻辑性，注重实用功能，造型趋向简洁、秩序和几何形式。为了满足现代文明下人口激增带来的住房需求，建筑的空间组织、功能和结构发生改变。高层和多层住宅模式成为必然，传统院落建筑由于占地面积大，不能满足现代化的需求，居住在城市中的人们只能生活在现代化的钢筋混凝土的森林中。在现代人的意识里，"家"的概念是楼宇内分隔的方格空间。现代化的居住空间没有传统的庭院、中轴线、堂屋和楹联等，人们在各自封闭的空间里不履行传统的风俗习惯，只有春节之际，在自家门上贴上春贴，以示对中国传统文化的延续。

笔者在西双版纳州勐腊县曼旦村的调查中发现，外部的建筑文化逐渐对当地的居住环境产生影响。在1950年后的两个时期里，民居经历了巨大变化（图7-10）。一是1950年以后，统治阶级被打倒，村寨民居的各种限制被取消了。作为特权阶级独有的建筑结构和技术被用到百姓民居中。如"L"形堂屋平面、石柱础、瓦屋顶等。二是1952年工作队进入西双版纳后，极力向当地人民宣传"讲究卫生、防治疾病"的政策。从此，住房楼下的家畜棚被移出来，在院子里另建棚架。这些变化都是对传统民居的改进[2]。（图7-11）20世纪80年代，新建筑技术的广泛应用导致当地民居的第一次大转变。市场经济的活跃使得一部分村民先富裕起来，随着这一变化，砖混结构的民居形式在一个村寨里出现了，民居之间的差异也越来越大[3]。傣族传统民居受现代化进程的严重影响，由于与现代化进程不相符合，传统民居建筑被认为是落后的和废弃的。我们不能简单地把传统和现代等同于某一特殊的建筑形式，在新建筑中使用传统建筑形式和对传统建筑的保护，都阻止不了传统形式的演变发展，我们应正视当地的人们希望提高生活水平的要求，以及由此引起的民居变化。我们也应承认既要发展经济，又要保护传统的双重要求。

---

[1] 彭卫民.中国传统"家"的法哲学表达与演变[J].人文杂志,2017(5):38-48.
[2] 高芸.中国云南的傣族民居[M].北京:北京大学出版社,2003:141.
[3] 高芸.中国云南的傣族民居[M].北京:北京大学出版社,2003:141.

我们还应尊重发展中地区需要更多的社会资料、经济和科学的要求，而不是阻止外界影响或先进技术渗透到这些地区以保护"传统"。

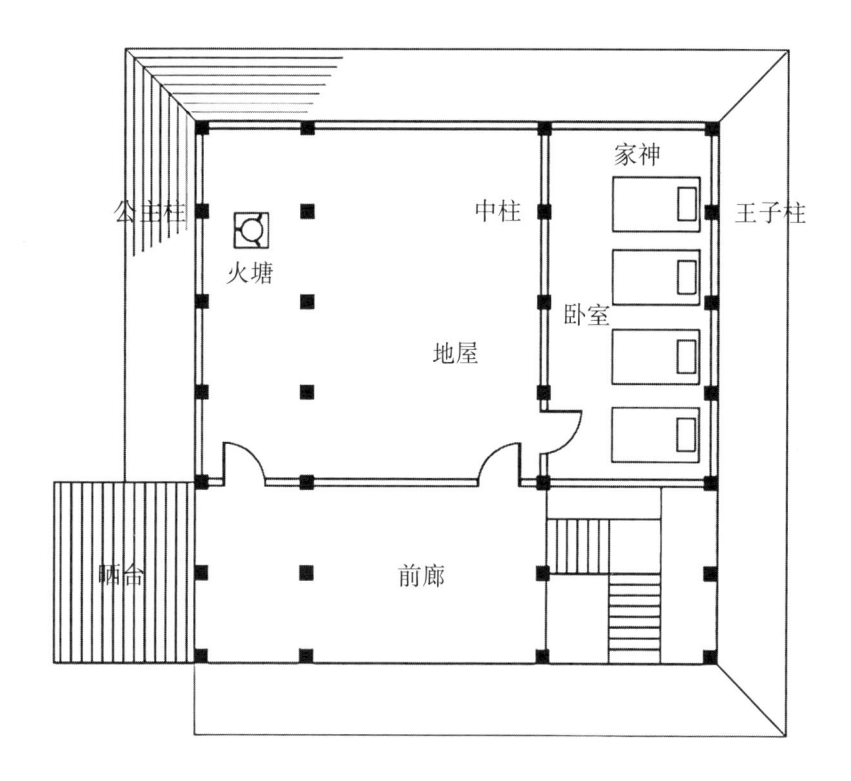

图 7-10 曼旦村传统家屋二层平面图　何庆华供、李琳玉绘

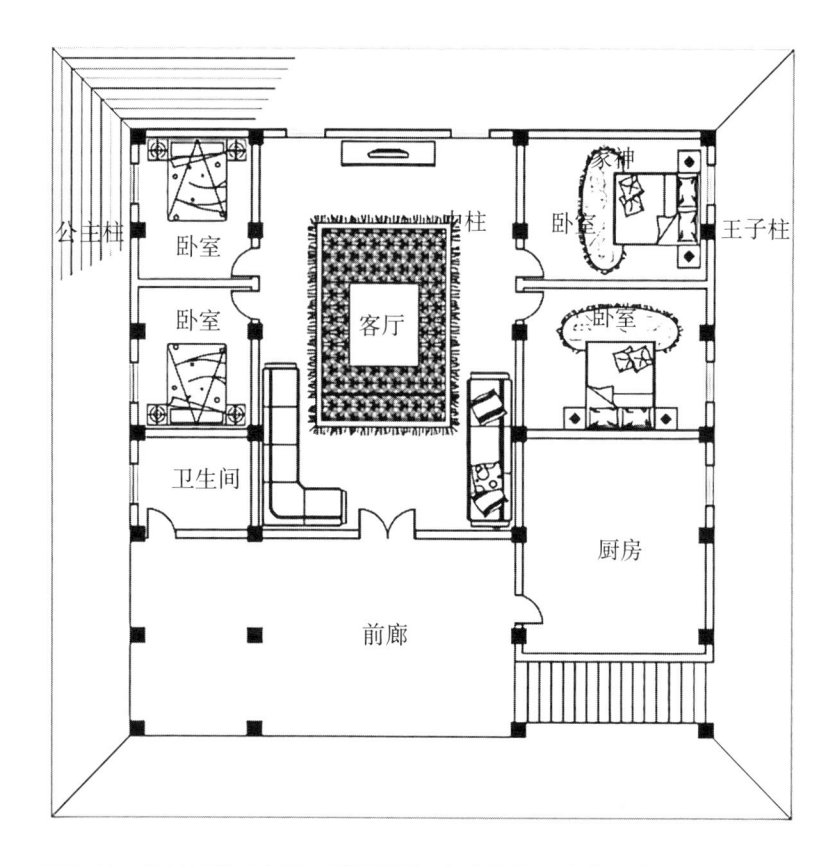

图 7-11 曼旦村新式家屋二层平面图　何庆华供、李琳玉绘

在全球化和城市化的双重冲击下，中国延续几千年的农业社会乡土景观正在土崩瓦解，人们面对陌生的城市建筑，陷入了深深的"乡愁"中，原本因自然、人文地理差异而形成的乡土建筑沦落为现代化建筑。建筑师王澍认为：中国的景观建筑体系在现代商业化、工业现代化和交通高速化下已全然溃败。城市空间的快速扩充，建筑密度的逐渐增大，使区域文化出现断裂，陌生的城市、不熟悉的街角把居民淹没在高楼林立中。

如果说中国传统的根本属性是"乡土"，那么，"家"就是乡土的归属，是以血缘为纽带的连接。家庭景观无疑是乡土景观中最具视觉性的部分之一，它可以说是人类最为日常、最具传统的部分。家庭景观除了与自然的相互观照以外，还可以清晰地看出人们与自然相处的态度、原则、观念及时空价值等。家庭景观不仅是特定人群的居住方式，也是文化表达的外在形貌。今日的城镇化和现代化使得强大的"国家"力量冲淡了"家"的价值，久而久之，人们"家"的意识或将日趋淡化。在认识论的层面上，"家"的意义在发生改变。所以，我们应明晰一点，在践行家庭景观的过程中，"家"历经着长时间的徐徐改变。一旦这种制约被移除，势必瞬息万变。现代化程度的高低对乡土社会的家庭景观产生了不同层次的影响，引发了社会生活、物质层面和文化形态等多维度的更替，致使家庭景观空间被不断地生产与构建出来，突出表现为居民行为变化、空间内部发生人口置换、建筑功能重构等多方面现象。在这样的背景下，家庭景观亦不可避免地发生变迁。家庭景观是人们认知乡土历史与传统礼仪的主要载体，只有留住这些"家"的记忆，才能守住"家"的景观。因此，城镇化要做到"既实现物质空间的现代化，又让人的情感得以安放，使家庭景观空间具有良好的生态环境和高度的人文品质"[1]。

综合以上三个方面，我们可知家庭景观是人们为了满足生存需要，将日常生活中所需的固态物质建立在土地上。家庭的基本空间同时是人与人交往的载体、是人与人之间关系的展演舞台，其构成了人们的生命秩序。家庭景观无疑将有形的空间格局、建筑、器物与无形的家庭式的社会关系体现了出来。家庭景观是人们生活形态的基本实体，是"家"的根据地。在乡土性与现代性的博弈中，家庭景观要素在选择与被选择中诉说着人们的生命形态。守住乡土的根性，留存"家"的记忆，成为后世一代又一代人共同的理想与智慧。随着城镇化及人们的生活方式和认知方式的影响，有形与无形的家庭景观也随之不断被破坏。

中国有着五千年的农耕文明历史，土地是中国人的命根子，中国人的优良品德都是在土地上形成的。随着中国现代化程度的逐渐增高，乡土性正渐渐逝去，由这种乡土性造就的乡土环境也被笼罩了现代化的面纱。

乡土社会的家庭景观不是静态的文化

---

[1] 陆邵明.留住乡愁[N].人民日报,2016-07-24(5).

景观遗产，而是动态的文化变迁过程。这个相互作用的过程经历了相当长时期的抗争，即传统抵御现代、现代变革传统的过程，在对传统历史空间进行保留的同时，通过创造与现代发生关系。曾经的"家"一直在"家乡"的地方，随着社会的开放及时代的变迁，越来越多的"家"离开了"家乡"的土地。这是"城镇化"工程需要重新审视的问题。如今乡土每天都在发生变化，我们无法阻止其改变，只是希望它按照尊重地方的原则去改变。我们要从传统乡土社会到现代社会的变迁过程中发现乡土社会中正在消逝的合理价值，以改善现代社会的生存环境和生活场所。

CHAPTER 8

第八章

坚守"认同"

第一节 中国饮食文化体系与餐饮空间情感认同

本节中国饮食文化体系与餐饮空间情感认同主要包括三个部分：饮食文化体系、饮食的政治学、饮食与认同。

一、饮食文化体系

（一）二元对立的饮食体系

为什么说饮食体系是二元对立的呢？我们从六个方面来看。

（1）素食与荤食。这是由男女社会分工的不同来决定的。在古代，男人狩猎，女人采集，所以，素食与荤食的历史不仅是人类早期文明中"采集—狩猎"获取食物方式的一种客观分类，也是从原始时代人对"自然食物"的无可选择转化为对"人的食物"的自觉选择[1]。

（2）自然与人工。大约到了一万年前，由于人口增长的压力，人类从"采集—狩猎"这一食物获取和选择方式中逐渐发展出选择一些植物的种子进行人工栽培的方式，形成了原始农业的原型和雏形，而流动性"采集—狩猎"的人群采食、取食形态和方式也慢慢发生变化和变迁。由于种植与相对固定、稳定的土地绑在了一起，与季节性的劳动联系在一起，产生了以耕种的方式获取食物来源的基本方式，人类也开始逐步从完全移动的生活方式进入了有永久性居落和稳定的世系传承模式[2]。

（3）生食与熟食。在列维-施特劳斯的神话学研究中，他将食物的"生"与"熟"作为两种现象性要素和状态，其间又兼具"自然"和"文化"两种属性，我们以烹调食物来表达我们是开化的人而不是野兽[3]。

（4）野生与家养。在中国的餐桌上，"野生/家养"的食物价值完全不一样。中国人嗜好"野味"，只要是"野生的"，就意味着是"自然的""生态的"。"野生的"价值和价格相比"家养的""人工的"要高出很多。这表现出中国人对自然环境中自然生长食物的偏爱并由此形成的一种"食物想象"[4]。

（5）肮脏与洁净。玛丽·道格拉斯的《洁净与危险》从动物的基本分类原则来确定宗教仪式中的牺牲以及食品在文化观念中的分类系统，确定动物作为食物区分原则和关系。论述食物与民族、宗教的关系，她首先检讨我们生活中的"脏/净"的分类，因为"肮脏其实是一个社会系统和秩序及事物分类的副产品"。禁忌便成为保护纯洁、划清与肮脏的界限，以及抵御入侵的设障。从宗教意义而言，伊斯兰教的饮食也是通过对"不洁污秽"的回避来坚守真主的秩序。《古兰经》明确规定了可食与不可食的食物。伊斯兰教认为只有反刍类

---

[1] 彭兆荣.饮食人类学[M].北京:北京大学出版社,2013:23.
[2] 彭兆荣.饮食人类学[M].北京:北京大学出版社,2013:66-67.
[3] 彭兆荣.饮食人类学[M].北京:北京大学出版社,2013:23-24.
[4] 彭兆荣.饮食人类学[M].北京:北京大学出版社,2013:100.

动物才是清洁的，可以食用。反刍类动物是指那些能够将食物咽下后再反刍到口中重新咀嚼的动物，如牛、羊、骆驼等[①]。

（6）再看中国的饮食搭配，与其他饮食传统相比，中国饮食的基础是饭（谷物和其他淀粉食物）与菜（蔬菜与肉肴）之间的区分。在历史生态的因素影响中，演化出南北米面不同的饮食形态。还有细粮、粗粮之分，旧时，细粮泛指精细的粮食，常指人食用的粮食；粗粮则指粗糙的粮食，常给牲畜食用。孔子《论语·乡党》中有"食不厌精，脍不厌细"的句子。粮食舂得越精越好，肉切得越细越好；也可以引出品尝咀嚼食物精细。中国的烹饪极其完美地将这些特质、特色和特点"烹而成脍"，除了在烹饪上讲究各种配料的组成合作的原则外，在进食上以细品慢咀体验饮食的精致细腻[②]。

我们从中国饮食文化的以上六个二元对立方面中，清晰地看到烹饪材料的复杂多样，佐料配制的复杂多样，烹调技艺的复杂多样，也能够从中体会到中国食物中的"多元性"和"一体性"。中国的文化在表象上体现出诸多要素的融会式的整体，却又不妨碍其中清晰可见的元素，特别是在经过各种材料、各样烹调技术的同锅脍食后产生的一种各种成分的分化、组合的味道，需要经过细品慢咀方可体会其中滋味。

（二）肠胃忠诚

中国的饮食体系导演出"中国口味"的相关表演，形成了中国人习惯化的接受、认可，组成了认知性、体认性经验表述。一整套食物的"意义体系"是积淀于当地人的食物——从生产、加工到食用的实践过程，而这种意义的体系又完全内化在人们行动的轨迹之上。

中国传统餐饮文化历史悠久，在选料、切配、烹饪等技艺方面经长期演变而自成体系，具有鲜明的地方风味特色。

清朝时形成川、鲁、粤、苏四大菜系。

民国时形成"八大菜系"，即鲁菜、川菜、粤菜、苏菜、闽菜、浙菜、湘菜、徽菜。

除影响较大的八大菜系外，还有药膳（鲁菜系的起源）、东北菜（东北）、赣菜（江西）、京菜（北京）、津菜（天津）、豫菜（河南）、冀菜（河北）、鄂菜（湖北）、本帮菜（上海）等地方特色菜系。

烹饪方式：炒（爆、熘）、烧（焖、煨、烩、卤）、煎（塌、贴）、炸（烹）、煮（汆、炖、煲）、蒸、烤（腌、熏、风干）、凉拌、淋等。

中国饮食体系所受的外来影响，已经成为中国饮食学者关注的焦点，特别是所谓的"麦当劳化"快餐食品不仅对全球造成了重大的影响，也成为中国传统的饮食体系所面对的一个不容小觑的食物战略问题[③]。一个具有反讽意义的事例是2005年获得奥斯卡金像奖最佳纪录片提名的《给我最大号》，其记录了年轻的美国导演摩

[①] 彭兆荣.饮食人类学[M].北京:北京大学出版社,2013:95-100.
[②] 彭兆荣.饮食人类学[M].北京:北京大学出版社,2013:42.
[③] 彭兆荣.饮食人类学[M].北京:北京大学出版社,2013:59.

根·斯普尔洛克的饮食故事：他强迫自己一天三餐只吃麦当劳食品，在连续坚持30天后身体出现了多种机能和器官问题。在摄片之前，斯普尔洛克身高1.9米，体重不到84公斤，身体非常健康，所有的指标检查都正常；实验进行两周后，发现其肝脏受到严重损伤；三周后，又发现其心脏功能发生异常。一个月后实验结束，此时他肝脏呈现中毒反应，胸口闷痛，血压大幅度升高，胆固醇上升了65%，体重增加了11公斤[1]。实验给了美国人一个结实的惊吓！有证据表明，当代影响人类健康的杀手之一是肥胖症，而以"麦当劳"为代表的快餐食品无疑是罪魁祸首。

中国饮食在过去短短的几十年间，"西化"趋势相当严重。中国孩子的肥胖症已成为影响健康成长的一个社会现象。"食以善人，食亦杀人"。为此，中国开展食物多样性保护计划。中国的"美味方舟"（Ark of Taste）项目是以国际慢食协会"美味方舟"计划为依托，对濒临灭绝的中国食材和美食进行保护。其在23个省、4个直辖市和5个自治区范围内选取具有地标性的"100种食物"参加2015年9月国际慢食协会北京大会，以体现我国各地区与众不同的饮食习惯和味觉倾向。北京的清真面点艾窝窝、云南丽江的石头城腊肉、吉林白山的板石辣酱、河北承德的兴隆土蜂蜜、山西应县的凉粉等70种食物入选国际慢食协会的"美味方舟"。在大规模农业及连锁餐饮业迅速扩张的同时，大量农户已无力从小规模种植和生产中获利，不得不采用工业化生产方式，统一的生产标准则导致了当地环境的恶化及生物多样性的破坏。国际慢食协会通过对濒危农产品及加工食品进行鉴别和认证，帮助它们获得消费者的关注，从而重返市场。

（三）好客与面子

"请客吃饭"，一种社会化的权力结构——以饮食为介体、介质的表述范式。为什么"吃饭"能成为中国人好客的首选礼节和事务？因为饮食是中国人民头等重要的事务。简言之，中国的"好客"必定与中国的饮食传统、饮食思维、饮食伦理、饮食美学、饮食民俗息息相关，因此，"请客吃饭"也就很自然地成为"好客之道"之头等事务。我们甚至可以这么说，"好客"不"请客"（吃饭）便无"待客"，不善待客人也从根本上消弭了"好客"。因此，中国式的"好客—待客—请客"形成了一个整体性结构表述[2]。

不同的人属于不同的阶级、等级，不同阶级、阶层的人必须严格贯彻不同的礼仪礼俗、规矩规范，而这些规矩规范恰恰是社会秩序中不可或缺的表述符号，它们从属于背后那个等级制度。在亲属范围内，"团坐合食"讲究家庭、家族的和睦与团结，家族至亲，团坐合食，以饮食之道表达伦理亲情成为维系亲族和睦、稳定家庭团结最好的形式。这种模式也成为

---

[1] 赵霖.食以善人,食亦杀人:我们的孩子该怎么吃[M].沈阳:辽宁人民出版社,2009:2.
[2] 彭兆荣.好客的食物:餐桌伦理结构中的张力叙事[J].广西民族大学学报(哲学社会科学版),2012,34(5):16-22.

"好客—待客—请客"的基型，表现在餐桌秩序上非常明确。中国传统的伦理政治表述有一个显著的特点，即通过规矩的秩序化、符号化来实行等级社会的政治结构①。

今日之餐桌，主客之座次更为醒目：主人为中，宾客坐在主人的旁边。酬酢（即今天的"应酬"）规矩为：主人先向客人敬酒，谓之酬，客人向主人回敬称为酢。虽然人们已经忘却了语用和语义，但餐桌规矩并未改变。有意思的是，西方的"圆桌制度"试图以政治格局的方式（平等共主）打破餐桌这种主客关系权力边界，然而在中国却未见有任何改变。②

从莎士比亚的《威尼斯商人》中的"夏洛克"（旧式地主）和"安东尼奥"（拓殖商人）的故事便可管窥西方社会的传统结构。因此，西式的"请客吃饭"未必一定具有权力"倾斜"，多数出于交流。早在古希腊时期，宴饮（symposin）与其说是"好客"，不如说是"社交"。现在的"专题研讨会"（symposium）制度形式即源起于这一远古形式。西方宴会社交礼仪及坐席都有相应的礼数。③

中式的"好客"方式与西式的"人权"时有抵触。"客随主便"经常在特定的场景中发生"误会"与"误解"。彭兆荣教授20世纪80年代在欧洲留学时，曾经了解到一个具有说明性的例子：一位德国记者到中国来，出于中国式的"好客之道"，中国的同行朋友为他们的外国朋友举行了一场宴会（宴会的规格和支出完全超出了当时平民百姓的个人性财政支出的范围），席间，中国朋友的热情款待方式特点是行为超过了言语，因此，频频举杯，频频夹菜。可是，这位德国朋友回国后在自己国家的电视节目上讲述自己如何在中国的餐桌上"受压抑""受压迫"，"人权"受到伤害的遭遇，甚至以"餐桌暴力"形容之④。

本质上说，以食物为媒介的"面子"种种表现仍属于"交换"性质，只不过这种交换不比市场上直接在"钱"上做文章的简单形式，而是以极其"好客"的方式策略性地实施着特殊的交换。"好客"也可以理解为主人的"面子"表达，"面子文化"也因此成为特定文化的特殊叙事，中国尤甚。比如宴请，食物成了主角，它既是形式，又是意义——至少，人们以"赴宴"的名义前来参加"吃饭"活动。在形式上，主人是食物提供者却成了"隐缺的展示"（absent presence），仿佛主人隐蔽在了宴席的背后，大家为宴食而来，为佳馔而快乐，真正的操纵者隐身在了

---

① 彭兆荣.好客的食物：餐桌伦理结构中的张力叙事[J].广西民族大学学报(哲学社会科学版),2012,34(5):16-22.

② 彭兆荣.好客的食物：餐桌伦理结构中的张力叙事[J].广西民族大学学报(哲学社会科学版),2012,34(5):16-22.

③ 彭兆荣.好客的食物：餐桌伦理结构中的张力叙事[J].广西民族大学学报(哲学社会科学版),2012,34(5):16-22.

④ 彭兆荣.好客的食物：餐桌伦理结构中的张力叙事[J].广西民族大学学报(哲学社会科学版),2012,34(5):16-22.

"好客—宴席"的后面[①]。

一般而言，当主人宴请客人——无论是出于通过食物达到获取名望和声誉的目的，还是出于好客个性本身，还是出于联络感情的需要，还是出于"礼尚往来"的回报或回请，还是出于某一个具体的功能目标，还是风俗习惯所致……客人只要赴宴到场，就意味着这种事实交换的形成和实现。[②]所以，中国饮食中的面子文化展现了中国社会关系的自我结构。

二、饮食的政治学

（一）国家社稷与饮食

我国古代的"国家"有"社稷"之称，其中"社"表示以"土地"祭土的农业伦理，而农业又以粮食生产为本。"稷"为古代一种粮食作物，指粟或黍，为百谷之长，帝王奉祀为谷神，故有社稷之称。

"国以农为本，民以食为天"，说的是只要民精于农事，即可温饱有余、国泰民安。老子的《道德经》有云："治大国若烹小鲜。""烹小鲜"意味着在烹饪过程中要注意火候和调料的适量，不能随意翻动，以免破坏食物。同样，治理大国也需要领导者有审慎负责的态度，深入了解民情民意，尊重国家的特点和规律，科学施政。孔子的《论语》有言："兵、食、信，三者取一，以信。"食物比军队更重要，兵之于食、信而言，最为次要。

从这种饮食与政治，甚至与治理国家之间的关系和道理的华夏政治文明的历史结构中，人们清晰可见"食"之政治意涵。与列维-施特劳斯的三角构造相似，中国的饮食政治传统也构成了一个"饮食—民生—政治"的三角结构（图8-1）。

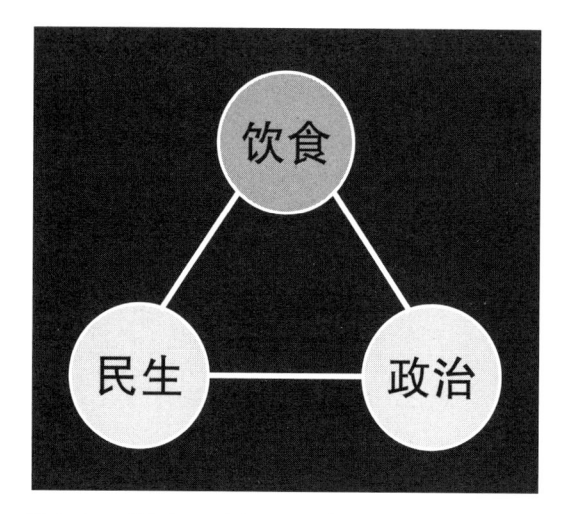

图8-1 "饮食—民生—政治"三角结构图

（二）饮食中的"和"

中国传统的治国之道颇讲究"中和""中庸""调和"。"和"在中国传统语义中颇有讲究，它是"禾"与"口"的组合，"禾"特指"稻子"，泛指粮食，也称"耕作"；"口"指吃、食，二者合并有祥和之意、之景。

"五味调和"，包括食物品性之酸、甜、苦、辛、咸五种味道的调理、调和，也是食物的各种味道的泛称，"五味调和"的最佳境界是"和"。中国饮食体系中的"五味调和"表现出中国人对宇宙、自然的认识，所谓"五行"在饮食和烹饪技术

[①] 彭兆荣.好客的食物：餐桌伦理结构中的张力叙事[J].广西民族大学学报（哲学社会科学版），2012,34(5)：16-22.

[②] 彭兆荣.好客的食物：餐桌伦理结构中的张力叙事[J].广西民族大学学报（哲学社会科学版），2012,34(5)：16-22.

上的理解和应用，也是对人类身体所谓"五脏"的对应与配合。所以，中国的饮食体系不仅是人的身体器官的感受和体味，更是长期以来中国人民将自己独特的对自然万物的理解融会贯通在食物和烹饪之中[①]。

"和"是中国哲学对一种理想境界的构想。在中国的饮食体系中，正如上述所表达的，"五味调和"便是"和而不同"的一种形象写照，这可以在同一个文化系统中达成某种默契，包括自然元素、人员成分、群体差异等，中国的饮食体系具有一种"融化作用"。其实在中国，传统的农业伦理与封建等级制度紧密地结合在一起，二者却成了"和而不同"的表征。农业伦理讲求"和"，等级秩序讲究"不同"，二者可以通过饮食得到体现。

（三）饮食中的等级

《红楼梦》中"刘姥姥进大观园"的章节是大家所熟悉的例子。像刘姥姥这样的平头百姓，到了大观园便"不会吃饭"了，因此惹出不少笑话。是刘姥姥真的不会吃饭吗？当然不是，是刘姥姥没有享受过贵族的饮食。那些特别的菜式、奇异的原料、特定的烹调方法，事实上还留有各自阶级的特性。如果说封建等级是一个社会的构造图，那么，饮食无疑就像是构造图中的"格条"，把不同的等级加以区隔。因为这些特性在等级森严的社会中，饮食规定和规矩成了自成一体的限制。

在中国，社会的传统构造是等级阶序，食物也无例外地成为政治等级秩序的表现媒体，成为一种象征隐喻性表述和表现方式。上到天子、贵族，下到平民百姓，都会利用食物达到某种政治目的，或带有政治性意味的目标。《周礼·天官·膳夫》里有对天子进食的描述："食用六谷，膳用六牲，饮用六清，羞用百有二十品，珍用八物，酱用百有二十瓮。"足见其天子气派。

《礼记》中记录了非常多的饮食规范和规矩，各种阶级、阶层、性别、尊卑的饮食都有详细的规定，构成了一幅饮食社会的秩序图。与此同时，饮食中的社会秩序又随着社会的变化而发生变迁。比如中国历史上有"分食""合食"等差异和分类。从历史演变的线索看，分食在先，合食在后。在宋代以前，中国人的饮食习俗基本上以分食（即同案分食或分案分食）为主。

分食制表现为上层阶级所使用的餐具、享用的食品等都与地位较为低微的人有所差异。统治阶级也规定了不同身份、地位的人群用餐所使用的餐具、饮食的种类甚至饮食的方式都有所不同。这样的餐饮制度可以巩固阶级思想在人心中的地位，凸显门阀士族与平民阶级的不同。

之后，由于唐朝经济繁荣，科举制度也让平民百姓有了融入上级阶层的机会，使得唐朝时期社会各阶级的人员流动变得愈加频繁，这就动摇了传统氏族的阶级稳定，传统氏族对等级阶层、长幼尊卑等秩

[①] 彭兆荣.品尝：开放的口味与封闭的道德[J].百色学院学报,2015(5):70-74.

序要求非常严格，但因科举而晋升阶层的百姓并没有这样的复杂要求，这也就使得原有的分食而餐的饮食文化受到了冲击，分食制逐渐被合食制所代替。

在中国，餐桌上的规矩也成了繁文缛节，同时又呈历时性变化和区域性差别，这些差别也曲折地反映出特定社会的政治秩序。比如在饮宴的座次排列上就很有讲究，早在夏商时代就已经有了明确的排序格局。中国式的"圆桌"，与现在西方政治事务谈判的"圆桌"也是不一样的。中国人是很讲究位置摆设的，什么位置是"主位"，什么位置是"客位"，谁是主请，谁是坐陪，谁先落座，谁先下筷子，主菜要如何摆放，等等都颇为讲究，它可以折射出中国社会的伦理等级形貌。主宾之间在饮宴上的排列顺序不仅反映主客关系，而且突出主宾使之享受应有的尊贵，主客各就各座。中国传统的政治表述有一个显著的特点，即通过规矩的秩序化、符号化来实行等级社会的政治作为。食物原本只是经过人们猎取、采集、驯养、种植、栽培、制作、处理的，供人生理和身体需要的食用物和摄入物，与政治无涉。但当它与统治、阶级、身份、管理、秩序等结合在一起的时候，就被涂上了强烈的政治色彩①。

"礼"的饮食文化在中国与任何其他文化体系所不同之处，在于它通过对食物的品尝过程实践着一种社会伦理。孟子的饮食理论强调"口体之养"，所谓"体有贵贱，有小大。无以小害大，无以贱害贵。养其小者为小人，养其大者为大人……饮食之人，则人贱之矣，为其养小以失大也"②。重食而无教，近于禽兽，施教于人伦，方为"人禽之辨"。在传统的儒家伦理中，身体欲望只是教化的材料，得到礼教才能使人之身体与食物产生"人/禽"的区隔。

最后就是中国餐具传统体现的权力符号。相信大家都听说过"问鼎中原"这个词，在皇家庆典和礼仪中看到的祭祀礼物主要是饮食器物和炊具，最为典型的当数"鼎"，学术界将这种现象称为"鼎食传统"。鼎是权力的象征、帝王的尊严。按照周礼，贵族在使用"九鼎八簋"的种类、数量上都有严格的规定，直接代表了贵族等级的高低。

三、饮食与认同

从饮食唤起的感受来看，大家都听过"吃忆苦饭"，从这个意义上说，"中国口味"便是一个具有可比性和可资使用的概念。而在饮食人类学家萨顿那里，使用了"唤起的感受"（evocative senses）概念。这是通过人们对食物的品尝行为唤起一种集体记忆。我国在特殊时期经常使用"忆苦思甜"的政治教育方式，具体的活动就是采取"吃忆苦饭"的方式，我们当然对这种方式所能够达到"提高无产阶级政治觉悟"的目标和目的持怀疑态

---

① 余世谦.中国饮食文化的民族传统[J].复旦学报(社会科学版),2002(5):120-123,131.
② 鲁国尧,马智强.《孟子》注评[M].南京:凤凰出版社,2006:202-203.

度，但这种以"吃饭"的行为"唤起"某集体记忆和联想倒还确有生理和身体根据[①]。

如今中国食物全球化，食物穿梭于国界、民族、区域、社区之间。虽然在巴黎、纽约的中餐馆吃到的中国餐饮，与来自它们故乡、祖地的"原汁原味"差异甚大，但是，中国人在外国吃中餐，在很大程度上已经成为通过饮食的"舌尖上的文化记忆"对家国进行情感认同，提醒品味一种惯习性认同[②]。

曾经有一位人类学家做过一个考察村落民族群体凝聚力的实验，实验结果表明，村落内人数最少的民族，其凝聚力最强，人数最多的民族，其凝聚力最弱。凝聚力就是向心力、团结力，是一个民族、国家或特定人群作为共同体团结凝聚、开展共同行动所展示的重要力量，对于海外华人、港澳台同胞亦是如此。香港深受西方影响，随着饮食文化全球化趋势的发展，港式茶餐厅逐渐具有了代表香港大众文化传统的深层意蕴，成为香港人对国家认同、文化认同、情感认同的"重要标志"。谭少薇教授认为，港式饮茶具有香港人身份认同的社会作用，是香港人社会关系得以强化以及建构身份认同的文化介体。她认为饮茶作为"香港人的精神"，是一种集体建立身份的文化行为。另一方面，饮茶还是香港人维持家庭关系的一种方式，也是人们"怀旧"的饮食记忆行为[③]。

第二节 非遗中的文化认同和文化自觉

云南瓦猫作为云南特有的陶制吉祥物，是云南非常有特色的非遗项目之一。除常见地大理、丽江外，昆明、楚雄、曲靖、文山、玉溪等地也有它的身影，且每个地方的瓦猫都有各自的特色。瓦猫看上去是一只端坐在瓦片上的猫，但它的形象来自云南先民对于虎图腾的崇拜，有镇宅、辟邪、招财的寓意。自古以来，它都被老百姓们放置于建筑门头上，因为人们认为瓦猫能化身成猛虎，可以保障家人平安健康，并带来财富。

据考证，呈贡洛龙从清道光年间就开始烧龙窑，制陶器，呈贡瓦猫在造型上承载了美好的寓意：圆头圆脑是讲究天圆地方，所在之处平安稳定；怀抱八卦是融合易经文化，驱邪祛祟；嘴大开阔是吸纳八方财气。20世纪90年代前，昆明地区几乎家家户户的门头都会放置这样一只圆头圆脑的瓦猫，也会以自家瓦猫威武雄壮为荣。在正房房顶、飞檐或大门的屋脊上安放一只这样的瓦猫正是云南民间建新房时，一种重要而独特的民俗。但随着社会的发展，现在的房屋多是钢筋水泥结构的平房及楼房，瓦猫们因此走下了屋脊。旧时，大家将瓦猫视为一个家庭的吉祥物或对美好生活向往的精神寄托，家家户户都要在屋脊上放置一只瓦猫，所以瓦猫随处

[①] 彭兆荣.饮食人类学[M].北京：北京大学出版社,2013:7.
[②] 彭兆荣.饮食人类学[M].北京：北京大学出版社,2013:28.
[③] 彭兆荣.饮食人类学[M].北京：北京大学出版社,2013:30.

可见。在这个时期，瓦猫生产制作的过程就潜移默化地进行了技艺的传承，而瓦猫的销售过程就是瓦猫文化普及的过程。但由于城镇开发建设，高楼大厦使瓦猫没有了用武之地，瓦猫在生活中就像消失了一样。

自党的十八大以来，习近平总书记在不同场合多次谈到非物质文化遗产的保护与传承。因此，瓦猫作为云南旅游符号重新出彩，也受到了越来越多的关注，吸引了无数手工艺人的目光。他们以自己理解的瓦猫形象去制作瓦猫，年轻化的样式和色彩吸引了很多年轻人，也由此开拓了一条文创新路径。但其实非遗所收录的瓦猫形象并不是市面上工艺品的模样。就以呈贡瓦猫为例，它的制作过程十分复杂，需要经过设计、雕刻、烧制等多个步骤才能完成，相比于市场上年轻化的样式，传统的瓦猫在这样的映衬下显得有点"土"了。面对这种情况，传承人最担心的一点就是，时间久了大家可能都不知道用了数百年的瓦猫到底是什么样子的了。

瓦猫虽然现在知名度很广，但市面上的传统瓦猫销量都不太高，且价格便宜，基本几十块一个。工艺品化的瓦猫可以占据大部分销量，价格几百几千的都有，但一年最多也是几千只的销量。目前由于销量限制，不需要大规模的产能，同时由于瓦猫的销售带来不了较高的收益，无法承担现在商业化所需的高房租，传承人只能用传统的方式去完成整个的设计、雕刻、烧制过程，每天最多能完成八九只瓦猫的制作。虽说规模不大，但节约了成本，并保护了传统工艺的传承。在不忙的时候，只需要一个人就可以完成从和泥、拉坯、泥塑雕刻、上釉烧制等每一个环节，这跟20世纪90年代以前的规模——近百米的龙窑、数十工人、年产万只瓦猫的生产状况是没办法相提并论的。

如何看待非遗传承中的文化认同感？首先，非遗是各地区、各民族文化交融的产物。以云南的瓦猫为例，瓦猫作为镇脊兽，"出没"在云南各个地方，因此在各地都衍生出了不同的特点与文化，成为社会文明建设的内在精神根基，是广大群众对于美好生活的向往和精神寄托，充满了美好的寓意。其次，这些非遗值得人类给出"仪式感"。同样也是以瓦猫为例，早期的瓦猫安放仪式非常隆重，可能包含民族歌舞、宗教等多种文化，仪式过后，主人家就会大宴宾客。人们可以在这个过程中联络感情，使感情得到升华。时至今日，虽然很多仪式日趋简易，但主人家也会举行简单的祈福仪式和宴席，祈愿红红火火的生活。最后，老一辈的工匠们始终专注于打磨技艺，坚持不懈地传承文化和技艺，这样的精神，成为我们人文传统中很重要的一部分，这也是一种来自民间的文化认同感。瓦猫已经有了像家人一般的羁绊，我们的祖祖辈辈都是自发、主动地去保护瓦猫的传统性和文化内涵，我们也应该从一种责任感发展成信念感，这个过程不在乎利益得失，也不在乎结果，只希望瓦猫被更多人所熟知。

无论是瓦猫，还是其他非遗项目，其实都达不到理想化的市场销量和产业化状态，这极大地影响着文化的传播。为此，需要在传承和创新中不断地融通、交替，寻求一个平衡点。首先让瓦猫吸引越来越多人的喜欢，再来培养大家对传统瓦猫的兴趣和认识。因此需要依托传统的技艺，并结合现代化的工艺技术和设计理论对传统瓦猫进行升级，最大程度保留传统元素和文化以重塑瓦猫。

瓦猫除了艺术欣赏价值外，还包含易经文化、陶艺文化、泥塑文化、龙窑文化等。除在形象上下功夫以外，还需要积极发掘和宣扬瓦猫的文化内涵，只有文化软实力得到了充分挖掘和提升，瓦猫才能更好地发展，也才能被更多人记住。因此，可通过自媒体的方式和互联网的渠道让更多人了解瓦猫，以此来保护瓦猫多年传承下来的文化底蕴。

在文化的支撑下，后续尝试结合高校年轻人的创造力去开发更多的瓦猫文创产品，让瓦猫以更多形式去融入大众生活。制定规范的课程，积极开展非遗进校园等公益活动，吸纳感兴趣的年轻人参与到非遗传承和学习中来，让非遗传承近在咫尺。同时开设非遗工坊，打造瓦猫的文旅展示窗口，打造一个富有内涵和艺术价值的瓦猫IP。

相信在不久的将来，瓦猫非遗能成为云南的一张新名片，通过它讲好云南的故事、中国的故事，让我们的传统文化在全国乃至世界的舞台上大放异彩。

人类文明形成了大量珍贵的非物质文化遗产，是先人遗留下来的文化沉淀与结晶。然而，受自然变迁和人类活动的影响，非物质文化遗产不可避免地遭受了侵蚀和破坏。如何更好地保存、继承和传播非物质文化遗产，是一项重要的历史使命。

后记

早在20世纪以前,已有人类学家专门对研究目标所涵盖的设计与艺术生产展开田野调查与研究。进入20世纪以后,则逐渐开始有社会学家、人类学家参与到企业研究合作中,从事社会与物质生产与管理问题的研究,"设计人类学"课程或设计人类学研究相继在国外的大学或科研机构展开,逐渐向国内发展。本书在已有的人类学和设计学的理论成果支持下,以设计为切入点,研究人、自然、物的关系,以及由此体现出来的社会、科技、观念等层面的文化因素。

所有的设计问题最终都汇集为"为生活设计",而人是生活的主体。人由社会塑造而成,这就意味着人作为个体社会行动者,对"他"的认识需要从社会文化的角度切入。设计要真正实现为"人"而设计,除了需要持守积极的人文态度,更需要借助理性的人文视角与人文科学的方法。人类学正是在设计人学观的缺口对其进行介入的,它从社会文化角度展开对人的研究。在充分开放的基础上理解人的生物属性与社会属性,以及他们之间的复杂关系,使设计更好地达到"以人为本"的目的。

"设计人类学"作为人类学和设计学的交叉学科,通过比照人类学的有关理论,重新认识、分析"人"和"物"之间的关系以及由此产生的文化、社会现象。

"设计人类学"对技术文化、身体文化、生态文化与人类设计实践之间的深层次关联进行深入探讨,不断开拓设计学与人类学研究的新领域。

"设计人类学"围绕人类学和设计领域共同的潜能与共享的特征来展开对话,构建了现代设计与传统文化、设计思想与社会问题的结合。本书不完全依托于纵向的时间发展历程来认识设计专业,它兼顾专业与当下社会之间的联系,服务于当下社会发展,如乡建运动,即乡土社会秩序如何协调自上而下和自下而上运动的"设计"问题;它也不仅仅只关注普遍规律与抽象认识,而更加强调切身的设计体会,即"参与性设计"。团队把本书看作设计专业的一次全方位扫描:既要了解本专业的知识框架,也要观照到专业知识框架与社会大框架之间的互动发展关系;既要浏览本专业的历史发展脉络,也不能缺失对当下情况的观察和对未来发展趋势的关注;既要解读具体的专业现象,也要同步探讨专业创作的规律……最终在一个相对宽泛的知识范围中"编织"出对设计的既现实又理想的宏观理解。

现代设计虽然从西方发展起来,但中国设计正以惊人的速度成长起来。如今,中国日益成为全球多行业的设计驱动力。《设计人类学》建立起了"中国特色"的设计思想理论框架,逐步打破了西方对设计的垄断。希望通过本书能培育读者的民族认同感,使读者理解并尊重"匠心精神",提升读者的社会设计责任感。

本书第一章"何谓设计人类学"由厦门大学一级教授、博导彭兆荣老师指导撰写,涉及中国设计人类学体系的方法论,以及概念、方式和手段;后七章为人类学与中国设计价值的"二合一"规划,以期能较为清晰地勾勒出中国传统设计文化的核心,明确未来中国设计人类学实施具体研究的方法,终结西方模式下的标准化设计,重构中国"物—人—环境"的设计关系,进而启发我国设计相关领域的研究与实践。其中,第五章"'仪式'日常"由昆明理工大学教授、博导巴胜超老师撰写,字数为2.3万字。第四章"比'权'量'力'"第一、二节由昆明理工大学汪斌老师撰写,字数为2万字。第三章"以'人'为本"第一节由昆明理工大学彭李千慧老师撰写,字数为0.5万字。第四章"比'权'量'力'"中的"空间正义、人人共享"由昆明理工大学研究生李馨、相梦婷、贾斐然撰写,第六章"'空间'规则"第一节由昆明理工大学研究生毕艺林、张润泽完成,第八章"坚守'认同'"第二节由瓦猫非物质文化遗产传承人罗皓扬老师撰写,其余部分均由昆明理工大学何庆华老师撰写,字数为15.5万字。此外,昆明理工大学研究生李馨、相梦婷、贾斐然、张润泽、吕洪涛、朱佳莉、段其渝参与了本书的整理工作,昆明理工大学本科生柴婧瑶为本书设计了封面图案。在此,对各位的付出表示深深的谢意!